Birgit Vogel-Heuser (Hrsg.)

Softwareagenten in der Industrie 4.0

Weitere empfehlenswerte Titel

Automatisierungstechnik, 4. Auflage
J. Lunze, 2016
ISBN 978-3-11-046557-0, e-ISBN (PDF) 978-3-11-046562-4,
e-ISBN (EPUB) 978-3-11-046566-2

Computational Intelligence, 2. Auflage
A. Kroll, 2016
ISBN 978-3-11-040066-3, e-ISBN (PDF) 978-3-11-040177-6,
e-ISBN (EPUB) 978-3-11-040215-5

Handbuch der Künstlichen Intelligenz, 5. Auflage
G. Görz, J. Schneeberger, U. Schmid (Hrsg.), 2013
ISBN 978-3-486-71307-7

at- Automatisierungstechnik
G. Bretthauer, 12 Hefte/Jahr
ISSN 0178-2312, e-ISSN 2196-677X

Softwareagenten in der Industrie 4.0

Herausgegeben von
Birgit Vogel-Heuser

DE GRUYTER
OLDENBOURG

Herausgeberin
Prof. Dr.-Ing. Birgit Vogel-Heuser
Technische Universität München
Lehrstuhl Automatisierung und Informationssysteme
Fakultät für Maschinenwesen
Boltzmannstraße 15
85748 Garching bei München
vogel-heuser@tum.de

ISBN 978-3-11-052445-1
e-ISBN (PDF) 978-3-11-052705-6
e-ISBN (EPUB) 978-3-11-052458-1

Library of Congress Cataloging-in-Publication Data
Names: Vogel-Heuser, Birgit, editor.
Title: Softwareagenten in der industrie 4.0 / Birgit Vogel-Heuser, editor.
Description: First edition. | Berlin/Boston : Walter de Gruyter GmbH, [2018] | Includes bibliographical references and index.
Identifiers: LCCN 2018010937 (print) | LCCN 2018013733 (ebook) | ISBN 9783110527056 (pdf) | ISBN 9783110524451 (softcover : alk. paper) | ISBN 9783110524581 (epub)
Subjects: LCSH: Operations research–Data processing. | Support services (Management)–Data processing. | Internet of things. | Artificial intelligence. | Raspberry Pi (Computer)
Classification: LCC T57.6 (ebook) | LCC T57.6 .S626 2018 (print) | DDC 658.4/034–dc23
LC record available at https://lccn.loc.gov/2018010937

Bibliografische Information der Deutschen Nationalbibliothek
Die Deutsche Nationalbibliothek verzeichnet diese Publikation in der Deutschen Nationalbibliografie; detaillierte bibliografische Daten sind im Internet über http://dnb.dnb.de abrufbar.

Umschlaggestaltung: PhonlamaiPhoto/iStock/Getty Images
Satz: le-tex publishing services GmbH, Leipzig
Druck und Bindung: CPI books GmbH, Leck

www.degruyter.com

Einleitung

In Zeiten globaler Märkte und dem damit verbundenen weltweiten Wettbewerb, sowie immer kürzer werdenden Produktlebenszyklen bei gleichzeitig steigenden Anforderungen an Produkte, stehen Produzenten vor wachsenden Herausforderungen. Zudem fordert auch die dezentrale Steuerung des zukünftigen Energiemanagements immer agilere und leichter anpassbare Automatisierungssysteme, um die geforderte Flexibilität zu erreichen. Dies bedeutet gerade für die Entwickler klassischer Produktions- und Fertigungsanlagen große Herausforderungen. Doch auch gänzlich andere Domänen sind von diesem Wandel betroffen: So soll beispielsweise Strom gleichmäßiger in Netzen verteilt und eingespeist werden und in der Gebäudeautomation sollen sich Häuser möglichst energieeffizient selbst regulieren können. Einen oft genannten Lösungsvorschlag derartiger Problemstellungen stellen „Agentensysteme" dar. Ein Agentensystem besteht aus einer Menge von Agenten – einer abgrenzbare Hardware und/oder Software mit definierten Zielen – die interagieren, um gemeinsam eine oder mehrere Aufgaben zu erfüllen. Mögliche Realisierungen eines Agentensystems wurden in der Vergangenheit bereits von vielen Forschungseinrichtungen sowie Unternehmen demonstriert. Mit Hilfe eines Agentensystems können Produktionssysteme flexibel an die sich wandelnden Anforderungen des Produkts, Prozesses oder der Ressource angepasst werden. Ähnlich, wie die Erfindung der Dampfmaschine das industrielle Zeitalter einläutete und die erste Montagelinie bei Ford den Weg zur Massenproduktion ebnete, soll in der Industrie 4.0 eine neue Ära der industriellen Produktion anbrechen. Fabriken sollen miteinander verknüpft sein, aber auch einzelne Produktionsbereiche, sowie Maschinen und Anlagen sollen miteinander in Kontakt stehen. Unter anderem mit Hilfe von Softwareagenten ist diese Vision keine reine Utopie mehr, sondern rückt in den Rahmen des Machbaren.

Der Schwerpunkt des VDI/VDE-GMA Fachausschusses 5.15 „Agentensysteme" ist die Entwicklung agentenbasierter Applikationen in der Automatisierungstechnik. Im Fachausschuss beteiligen sich Mitglieder aus Universitäten und Forschungsinstituten sowie Hersteller und Anwender von Automatisierungssystemen an der Entwicklung neuartiger Ansätze, Anwendungen und Methoden von Agentensystemen in der Automatisierungstechnik. Als Ergebnis der Arbeiten liegen bereits drei Richtlinienblätter vor: VDI/VDE 2653 Blatt 1–3: Agentensysteme in der Automatisierungstechnik – Grundlagen, -Entwicklung und -Anwendung [1–3], die als Entscheidungshilfe bei der Erarbeitung und Anwendung von Agentensystemen in der Automatisierungstechnik dienen.

https://doi.org/10.1515/9783110527056-201

Im Rahmen des gemeinschaftlichen deutschlandweiten universitären Industrie 4.0-Demonstrators „myJoghurt[1]“ konnten erste Agentensysteme bereits erfolgreich in Betrieb genommen werden. Für die Quantifizierung der gewonnenen Flexibilität sowie Verfügbarkeit für ein Unternehmen durch die Einführung eines Agentensystems forscht der GMA FA 5.15 aktuell an Messmöglichkeiten, sogenannten Metriken. Durch die Anwendung verschiedener Metriken können Unternehmen bereits erste Berechnungen vornehmen, bei welcher Domäne sowie Produktionsanlage sich der Einsatz eines Agentensystems für das Unternehmen lohnt. Unabhängig von der jeweiligen Anwendungsdomäne konnten Muster (engl. Patterns) für das Agentensystem und Agenten an sich identifiziert werden. Diese Muster werden basierend auf bereits etablierten Mustern für verteilte Systeme (vgl. [4]) mit Hilfe von 14 Kriterien klassifiziert (siehe Tabelle 1).

Neben der Klassifikation der Muster eines Agentensystems sind Muster für die Teile des Systems, also die einzelnen Agenten, festzulegen. Dazu wird derzeit jedes der zwanzig vorliegenden Agentensysteme hinsichtlich der eingebundenen Agentenmuster verglichen und eine einheitliche Terminologie entwickelt. Die Ergebnisse sollen in das Richtlinienblatt 4 einfließen.

Eine erste Untersuchung von zehn Agentensystemen, die von Mitgliedern des GMA FA 5.15 durchgeführt wurde, weist als Hauptmotivation für die Einführung eines Agentensystems eine verbesserte Flexibilität (*Flexibility*) des Systems (acht von zehn Ansätze) auf gefolgt von der Verbesserung der Rekonfigurierbarkeit (*Reconfigurability)*, Zuverlässigkeit (*Reliability und Dependability)* sowie Anpassbarkeit (*Adaptability)* (siehe Abbildung 1). Die hierbei angewandten Methoden und Techniken zur Erreichung dieser Anforderungen lassen sich in zehn Kategorien einteilen. Durch die Dezentralisierung der Steuerung, welche mit der Einführung eines Agentensystems einhergeht, gewinnen insbesondere Methoden zur Kommunikation, Verhandlung und Organisation innerhalb eines Agentensystems zunehmend an Bedeutung. Unerlässlich für die industrielle Einführung eines Agentensystems ist zudem die Entwicklung einer Schnittstelle zwischen dem Agentensystem und den Benutzern. Die Entwicklung einer solchen Schnittstelle wurde in allen untersuchten Ansätzen fokussiert. Die Untersuchung verdeutlicht die hohen Analogien der Zielstellungen sowie die dafür angewandten Methoden und Techniken eines Agentensystems und bekräftigt die Erstellung eines Musterkatalogs, mit welchem Softwareagenten aus wiederkehrenden Mustern für die jeweilige spezifische Anwendungsdomäne entwickelt werden können.

---

1 Plattform Industrie 4.0 – Agentenbasierte Vernetzung von Cyber-Physischen Produktionssystemen (CPPS): http://www.plattform-i40.de/I40/Redaktion/DE/Anwendungsbeispiele/265-agentenbasierte-vernetzung-von-cyber-physischen-produktionssystemen-tu-muenchen/agentenbasierte-vernetzung-von-cyber-physischen-produktionssystemen.html

Tab. 1: Klassifizierungskriterien für Muster von Multiagentensystemen (Kriterien mit * basieren auf Eckert et al. [4]).

Klassifizierungs-kriterium	Beschreibung	Beispiel
Musterkategorie*	Vorteilhafte Funktionsmuster: Systemeigenschaften die durch Einsatz eines MAS erreicht werden können, wie bspw. Verbesserung der Flexibilität bzw. Anpassungsfähigkeit	Flexibilitätsmuster, Anpassungsfähigkeitsmuster, Zuverlässigkeitsmuster, Rekonfigurierbarkeitsmuster, Kommunikationsmuster
Muster-Typ*	Bezeichnung des Muster-Typen: Technologieunabhängige Aufgabe des MAS (klassifiziert)	Fehlertolerante Sensorik
Muster-Name*	Name des MAS Musters	Softsensor
Musterbeschreibung	Beschreibung der logischen Struktur (Welche Komponenten/Agenten beinhaltet das Muster?)	MAS mit 4 Elementen, die die Identifikation fehlerhafter Sensorik und deren automatische modellbasierte Ersetzung durch Softsensoren mit Zuverlässigkeit x % erlauben
Kontext*/ Anwendungs-bereich	Anwendungskontext des Entwurfsmusters	Verschiedene Domänen, z. B. Logistik, Verfahrenstechnik
MAS-Architektur*	Ansatz für Zustandekommen des Agentenverhaltens	Reaktiv / kognitiv / hybrid
Lösung	Graphische Darstellung der MAS-Architektur	Darstellung der Komponenten des MAS (Notation Klassendiagramm)
Wissensbasis und -verarbeitung	Wie ist das Wissen hinterlegt? Modelle, Regeln	Modell aus Engineering, Ontologie, Metamodell-Datenstruktur
	Wie erfolgt die Wissensverarbeitung? Mit welchen Methoden?	Inferenzmechanismen für Ontologien
Lernen/Wissens-akquisition	Methoden und Techniken zum Lernen der Fähigkeiten, der Wissensbasis	Maschinelles Lernen, neuronale Netze
Implementierung	Technologiespezifische Darstellung des MAS (Plattform, Sprachen)	Modell: SysML, Implementierungssprache IEC 61131-3
Echtzeiteigenschaften	Erfüllung der Anforderungen an Rechtzeitigkeit und Gleichzeitigkeit	Verwendung Ersatzsensor < 2 SPS-Zyklen < 40 ms
Verlässlichkeit	Anforderungen an Zuverlässigkeit, Wartbarkeit, Verfügbarkeit, Security und Safety	Softsensor kann Sensor mit Zuverlässigkeit von 85 % ersetzen
Autonomie	Eigenständigkeit/Unabhängigkeit bei Entscheidungen	Sensorersetzung nicht autonom, weil Anzahl der ersetzbaren Sensoren begrenzt
Andere	Weitere Kommentare	

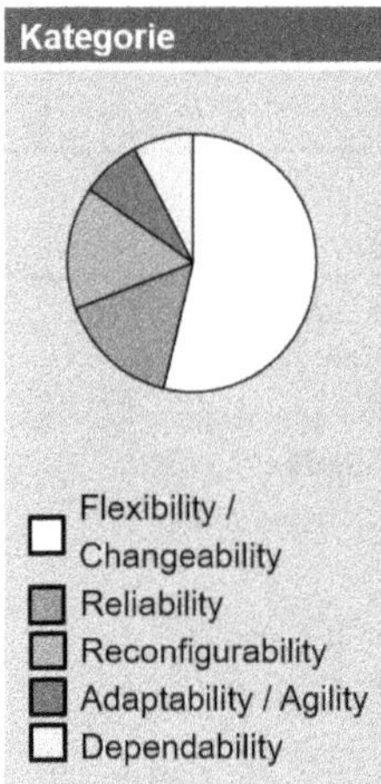

Arbeiten	1	2	3	4	5	6	7	8	9	10
[5] Wannagat, 2010	x	x	x				x			x
[6] Schütz, 2011	x		x		x		x	x		
[7] Ulewicz, 2012	x	x	x			x	x			x
[8] Legat, 2014	x		x			x	x	x		
[9] Rehberger, 2016	x	x	x		x	x	x	x	x	
[10] Fischer, 2017	x		x		x	x	x	x		x
[11] Hoffmann, 2010	x	x			x		x			x
[12] Pech, 2010				x	x	x	x		x	
[13] Ryashentseva, 2016	x	x	x		x		x			x
[14] Lüder, 2017	x		x				x			x

Liste der angewandten Methoden und Techniken		
	1. Implementierung auf heterogenen Plattformen	6. Entscheidungsmechanismen (eines MAS bzw. Agenten)
	2. Prozess Synthese und Optimierung	7. Architekturen für die Implementierung von MAS in der Industrie
	3. Flexible Fertigungssysteme	8. Cyber-Physische Produktionssysteme / Internet der Dinge
	4. Schnittstellen für Agenten und Menschen	9. Agentenorientierte Softwareentwicklung (AOSE)
	5. Semantische Modelle in einem MAS	10. Kommunikation, Verhandlung & Organisation zwischen Agenten

Abb. 1: Gegenüberstellung verschiedener Agentenansätze.

Mit dem vorliegenden Sammelwerk sollen unsere Erfahrungen bei der Entwicklung sowie dem Einsatz von Agenten zur Umsetzung des Paradigmas „Industrie 4.0“ aufgezeigt und zusammengefasst werden. Die Beiträge stammen von Mitgliedern des Fachausschusses 5.15 „Agentensysteme“ und bieten Einblicke in ein breites Spektrum aus Automatisierungstechnik und Energiemanagement.

Ob in der Anlagen- oder Gebäudeautomatisierung, im Energiemanagement oder in der Intralogistik – die Einsatzgebiete von Softwareagenten sind mannigfach. Die hier vorgestellten Beiträge stellen lediglich einen kleinen Ausschnitt dieser Möglichkeiten dar, bieten aber einen repräsentativen Überblick über Chancen und Herausforderungen von Agenten. Die in den letzten Jahrzehnten erfolgreich realisierten Agentensysteme werden somit systematisch zugänglich gemacht und bieten eine hervorragende technologische Basis für Industrie 4.0 bzw. Cyber-Physische Produktionssysteme.

Garching, Januar 2018

Birgit Vogel-Heuser, Sprecherin FA 5.15 Agentensysteme

Literatur

[1] VDI/VDE 2653 Blatt 1 (2010-06) Agentensysteme in der Automatisierungstechnik – Grundlagen.

[2] VDI/VDE 2653 Blatt 2 (2012-01) Agentensysteme in der Automatisierungstechnik – Entwicklung.

[3] VDI/VDE 2653 Blatt 3 (2012-03) Agentensysteme in der Automatisierungstechnik – Anwendung.

[4] K. Eckert, T. Hadlich, T. Frank, A. Fay, C. Diedrich and B. Vogel-Heuser, „Design Patterns for Distributed Automation Systems with Consideration of Non-Functional Requirements," International Conference on Emerging Technologies and Factory Automation, 2012, pp. 1–7.

[5] A. Wannagat, „Entwicklung und Evaluation agentenorientierter Automatisierungssysteme zur Erhöhung der Flexibilität und Zuverlässigkeit von Produktionsanlagen", Dissertation, Lehrstuhl AIS, Fakultät Maschinenwesen, Technische Universität München, Sierke Verlag, 2010.

[6] D. Schütz, M. Schraufstetter, J. Folmer, B. Vogel-Heuser, T. Gmeiner and K. Shea, „Highly reconfigurable production systems controlled by real-time agents, International Conference on Emerging Technologies and Factory Automation, Toulouse, 2011, pp. 1–8.

[7] S. Ulewicz, D. Schütz and B. Vogel-Heuser, „Design, implementation and evaluation of a hybrid approach for software agents in automation", International Conference on Emerging Technologies and Factory Automation, Krakow, 2012, pp. 1–4.

[8] C. Legat, B. Vogel-Heuser, „A Multi-Agent Architecture for Compensating Unforeseen Failures on Field Control Level". In: T. Borangiu, D. Trentesaux, A. Thomas (eds.), „Service Orientation in Holonic and Multi-Agent Manufacturing and Robotics. Studies in Computational Intelligence", Vol. 544. Springer, Cham., 2014.

[9] S. Rehberger, L. Spreiter, B. Vogel-Heuser, „An agent-based approach for dependable planning of production sequences in automated production systems", Automatisierungstechnik (at), Vol. 66, Dezember, Oldenbourg Verlag, München, 2017.

[10] J. Fischer, „Agent-based Automation Systems for Material Flow Systems That Enable an Easy Re-configuration of Material Handling Modules", Master's thesis, Lehrstuhl AIS, Fakultät Maschinenwesen, Technische Universität München, 2017.

[11] M. Hoffmann, „Adaptive and Scalable Information Modeling to Enable Autonomous Decision Making for Real-Time Interoperable Factories," Dissertation, Fäkultat für Maschinenwesen, RWTH Aachen, 2017.

[12] S. Pech, „Agentenbasierte Informationsgewinnung für automatisierte Systeme", Dissertation, Fakultät Elektrotechnik, Universität Stuttgart, 2014.

[13] D. Ryashentseva, „Agents and SCT based self* control architecture for production systems", Dissertation, Institut IAF, Universität Magdeburg, 2016.

[14] A. Lüder, A. Calá, J. Zawisza, R. Rosendahl, „Design pattern for agent based production system control – a survey", IEEE Conference on Automation Science and Engineering, Xi'an, China, 2017.

Inhalt

Autorenverzeichnis

Dipl.-Ing. Theresa Beyer
Institut für Automatisierungstechnik und
Softwaresysteme
Pfaffenwaldring 47
70550 Stuttgart
ias@ias.uni-stuttgart.de

Professor Dr.-Ing. Dr. h. c. Karl-Heinz Wehking
Institut für Fördertechnik und Logistik
Holzgartenstr. 15b
70174 Stuttgart
Karl-Heinz.Wehking@ift.uni-stuttgart.de

M. Sc. Ramin Yousefifar
Institut für Fördertechnik und Logistik
Holzgartenstr. 15b
70174 Stuttgart
institut@ift.uni-stuttgart.de

Professor Dr.-Ing. Dr. h. c. Peter Göhner
Institut für Automatisierungstechnik und
Softwaresysteme
Pfaffenwaldring 47
70550 Stuttgart
peter.goehner@ias.uni-stuttgart.de

Dipl.-Ing. Alexander Faul
Institut für Automatisierungstechnik und
Softwaresysteme
Pfaffenwaldring 47
70550 Stuttgart
alexander.faul@ias.uni-stuttgart.de

M. Sc. Matthias Klein
Institut für Automatisierungstechnik und
Softwaresysteme
Pfaffenwaldring 47
70550 Stuttgart
matthias.klein@ias.uni-stuttgart.de

M. Sc. Desirée Vögeli
Institut für Automatisierungstechnik und
Softwaresysteme
Pfaffenwaldring 47
70550 Stuttgart
desiree.voegeli@ias.uni-stuttgart.de

M. Sc. Rene Körner
Institut für Automatisierungstechnik und
Softwaresysteme
Pfaffenwaldring 47
70550 Stuttgart

Professor Dr.-Ing. Michael Weyrich
Institut für Automatisierungstechnik und
Softwaresysteme
Pfaffenwaldring 47
70550 Stuttgart
michael.weyrich@ias.uni-stuttgart.de

Dr. Robert Brehm
SDU Mechatronics
Mads-Clausen-Institutet
Alsion 2
6400 Sønderborg
Denmark
brehm@mci.sdu.dk

M. Sc. Mareike Redder
Fachhochschule Lübeck
Kompetenz- und Wissenschaftszentrum für
intelligente Energienutzung
Mönkhofer Weg 239
23562 Lübeck
mareike.redder@fh-luebeck.de

Dr. Dmitry Kazakov
cbb Software GmbH
Isaac-Newton-Straße 8
23562 Lübeck

Professor Dr.-Ing. Cecil Bruce-Boye
Fachhochschule Lübeck
Kompetenz- und Wissenschaftszentrum für
intelligente Energienutzung
Mönkhofer Weg 239
23562 Lübeck
cecil.bruce-boye@fh-luebeck.de

M. Sc. Marco Schaarschmidt
Hochschule Osnabrück
Laborbereich Technische Informatik
m.schaarschmidt@hs-osnabrueck.de

Professor Dr.-Ing. Clemens Westerkamp
Hochschule Osnabrück
Laborbereich Technische Informatik
c.westerkamp@hs-osnabrueck.de

B. Sc. Hans Knöchel
Hochschule Osnabrück
Laborbereich Technische Informatik
hans.knoechel@hs-osnabrueck.de

Professor Dr.-Ing. Hon. Dr. of ONPU Thorsten Schöler
Hochschule Augsburg
Distributed Systems Group
An der Hochschule 1
86161 Augsburg
thorsten.schoeler@hs-augsburg.de

M. Sc. Sebastian Pröll
Hochschule Augsburg
Distributed Systems Group
An der Hochschule 1
86161 Augsburg
sebastian.proell@hs-augsburg.de

M. Sc. Lucas Kögel
Hochschule Augsburg
Distributed Systems Group
An der Hochschule 1
86161 Augsburg

M. Sc. Thomas Hanka
Hochschule Augsburg
Distributed Systems Group
An der Hochschule 1
86161 Augsburg

Dipl.-Ing. MBA Max Hoffmann
RWTH Aachen
Informationsmanagement im Maschinenbau
Technologiezentrum am Europaplatz
Dennewartstraße 27
52068 Aachen
Max.Hoffmann@ima-zlw-ifu.rwth-aachen.de

Prof. Dr.-Ing. Tobias Meisen
RWTH Aachen
Informationsmanagement im Maschinenbau
Technologiezentrum am Europaplatz
Dennewartstraße 27
52068 Aachen
tobias.meisen@ima-zlw-ifu.rwth-aachen.de

Professor Dr. rer. nat. Sabina Jeschke
RWTH Aachen
Cybernetics Lab IMA/ZLW & IfU
Technologiezentrum am Europaplatz
Dennewartstraße 27
52068 Aachen
sabina.jeschke@ima-zlw-ifu.rwth-aachen.de

Dr.-Ing. Thomas Aicher
TU München
Automatisierung und Informationssysteme
Boltzmannstr.15
85748 Garching
aicher@ais.mw.tum.de

M. Sc. Daniel Regulin
TU München
Automatisierung und Informationssysteme
Boltzmannstr.15
85748 Garching
d.regulin@gmail.com

Professor Dr.-Ing. Birgit Vogel-Heuser
TU München
Automatisierung und Informationssysteme
Boltzmannstr.15
85748 Garching
vogel-heuser@tum.de

Thomas Aicher, Daniel Regulin und Birgit Vogel-Heuser

1 Dynamische Anbindung und automatische Konfiguration modularer Intralogistiksysteme mittels Agenten

Zusammenfassung: Automatisierte intralogistische Anlagen werden für jeden Einsatzfall individuell projektiert, um die spezifischen Kundenanforderungen optimal umzusetzen. Aus diesem Grund wird eine erhöhte Flexibilisierung von intralogistischen Anlagen benötigt. Ein wichtiger Bestandteil zur Realisierung der damit einhergehenden Herausforderungen ist die Verbesserung der Wiederverwendbarkeit von Steuerungssoftware sowie die Beherrschung der steigenden Komplexität, welche u. a. bei der Entwicklung des Materialflusssystems in den Domänen Elektrik/Elektronik, Mechanik und insbesondere Softwareentwicklung, auftritt. Dieser Beitrag stellt einen modellbasierten Engineering-Ansatz basierend auf einem geeigneten Metamodell vor, um die Architektur und Schnittstellen solcher Module zu definieren. Dadurch ist eine Reduzierung des Engineering-Aufwands für die Entwicklung eines flexiblen Materialflusssystems möglich. Die dafür notwendigen Wissensbasen der Agenten in einem Multi-Agenten-System können automatisch aus dem Modell abgeleitet werden. Da die flexible Zusammenstellung der Module ohne (Re-)Programmierung durchgeführt werden soll, wird ein intelligentes Agenten-basiertes Steuerungskonzept eingeführt. Abhängig vom Wissen der Agenten kann eine Online-Systemkonfiguration durchgeführt werden. Für die Online-Definition von Schnittstellen besitzen die Agenten zudem Kenntnis über Ihre geometrische Position. Weiterhin wird ein Kommunikationskonzept vorgestellt, das die Synchronisation von Modulschnittstellen in Echtzeit durchführt. Der Ablauf der Rekonfiguration wird an zwei Beispielen für das Hinzufügen oder Entfernen eines Moduls aufgezeigt. Die Dauer für die Rekonfiguration und die dadurch einhergehende Performanz des „Plug & Play"-Verfahrens wird ebenfalls vorgestellt.

1.1 Einleitung

Das steigende Bedürfnis nach kundenspezifischen Produkten erfordert ein neues Maß an Flexibilität in der Produktion, weshalb die Produktionsschritte zum Zusammenbau oder zur maschinellen Fertigung von Produkten an die Produktanforderungen anpassbar zu gestalten sind. Aufgrund dieses Trends wird ein flexibles Logistikkonzept für den Materialfluss zwischen Maschinen und Montagestationen benötigt. Industrielle Materialflusssysteme (MFS), wie beispielweise Intralogistiksysteme, können sehr komplex werden und bedürfen ständiger Anpassung, wenn sie alle Transportrouten abdecken sollen, die je nach Produktkonfiguration und Produktfortschritt variieren.

https://doi.org/10.1515/9783110527056-001

Insbesondere kleine und große Unternehmen benötigen einfache MFS, die an die gegenwärtigen Bestellungen angepasst werden können. Mit einfachen MFS sind in diesem Sinne Module für MFS gemeint, die mit geringem Programmierungs- und Personalaufwand an ein MFS angeschlossen werden können, um die Anpassung des Systems an ändernde Bedingungen zu ermöglichen. Eine solche Flexibilität wird durch MFS-Module wie bspw. T-Kreuzungen und Förderer erreicht, die aus einer eigenen Steuereinheit einschließlich Hard- und Software bestehen und sogar ohne zusätzliche Anlagenteile betrieben werden können. Derartige gekapselte Einheiten, die Sensoren, Aktoren und eine Steuereinheit umfassen, werden als Module definiert. Zusätzlich sollte das einfache Verbinden mehrerer Module entsprechend des Transportbedarfs des Produktionsprozesses ermöglicht werden. Allerdings sind variantenreiche, automatisierte Systeme noch immer anspruchsvoll und bedürfen einer Werkzeugunterstützung, die Systemänderungen ermöglicht [1]. Als eine Möglichkeit zur Handhabung der Komplexität des Engineerings und zur Verringerung der Fehleranfälligkeit des Engineerings kann ein modellbasierter Ansatz gesehen werden.

Da die Online-Rekonfiguration eines MFS, ausgelöst durch das Hinzufügen oder Entfernen von Modulen, mit minimalem Entwicklungsaufwand durchgeführt werden sollte, wird eine Steigerung der a-priori Intelligenz der modulbasierten Steuereinheit für eine automatisch rekonfigurierbare Lösung gefordert. Das Konzept von Multi-Agenten-Systemen (MAS) ermöglicht die Verbindung, Kommunikation und Interaktion zwischen lose gekoppelten Systemeinheiten und erfüllt damit die Anforderungen hinsichtlich Flexibilität für die vorgeschlagene Implementierung der MFS-Architektur [2]. Ein entsprechender modellbasierter Entwicklungsansatz für die automatisierten Materialflussmodule, der die Software und Wissensbasis der Module sowie die Architektur und Funktionen innerhalb eines MAS beschreibt, wird in diesem Beitrag vorgestellt.

Die zunehmende Flexibilität hinsichtlich der Konfiguration und Anbindung eines MFS soll in diesem Konzept durch ein MAS gehandhabt werden. Innerhalb des MAS wird jedes MFS-Modul durch einen Agenten repräsentiert, der durch eine Wissensbasis und einen Handlungsspielraum charakterisiert ist. Obwohl ein MAS ein dezentrales System darstellt, existiert in dem Konzept – ähnlich wie in anderen Agentenplattformen, wie bspw. JADE – das Agent-Management-System (AMS). Hierbei handelt es sich um eine zentrale Instanz – den sogenannten Koordinator-Agenten – die verbundene MFS-Module registriert und die verfügbaren Systemfunktionen verwaltet. Zusätzlich enthält jedes Modul in seiner Wissensbasis geometrische Informationen über die Position, an dem sich dieses befindet. Ein Ansatz zur Nutzung dieser Informationen zur Bestimmung der Schnittstellen, insbesondere der Verknüpfungspunkte zwischen Modulen, sowie globaler Ein- und Ausgänge des MFS wird in diesem Kapitel dargestellt. Zusätzlich zu der geometrischen Informationsgewinnung wird die Gruppierung bestimmter Funktionen von MFS-Modulen zu globalen Systemfunktionen durchgeführt. Letztendlich stellen diese Informationen die Wissensbasis im Koordinator-Agenten dar.

Typischerweise werden MFS durch Speicherprogrammierbare Steuerungen (SPS) gesteuert, die zyklisch IEC 61131-3 konformen Code ausführen [3]. Da der hier vorgestellte Ansatz in industriellen Systemen Anwendung finden soll, müssen die Restriktionen hinsichtlich eingeschränkter Konfigurationsmöglichkeiten, sowie herstellerspezifischen Plattformen und vordefinierter Hardware berücksichtigt werden. Die Lücke zwischen dem Modell eines MFS-Moduls und dessen Implementierung soll weiterhin durch Codegenerierung geschlossen werden.

Analog zur Codespezifikation sind die Kommunikationsmöglichkeiten ebenso durch Vorgaben der herstellerspezifischen Plattform limitiert. Nichtsdestotrotz basiert das MAS-Konzept auf einem flexiblen Kommunikationsnetzwerk, das den Austausch von Informationen sowohl zwischen Modulen als auch mit dem Koordinator-Agenten ermöglicht. Eine weitere Herausforderung tritt bei der Kommunikation zwischen Modulen auf, die Transporteinheiten (TE), wie bspw. Paletten oder Behälter, austauschen, da eine synchronisierte Transportgeschwindigkeit erforderlich ist. Diese Schnittstellen erfordern eine Echtzeitkommunikation, die nach wie vor für viele MAS-Ansätze ein Problem darstellt [2]. In diesem Beitrag wird gezeigt wie das „EtherCAT Automation Protocol“ (EAP) für Echtzeit- und Nicht-Echtzeit-Kommunikationsaufgaben in MAS genutzt werden kann. Hierfür wird folgender Anwendungsfall betrachtet: Nach dem Zusammenschluss der Mechanik zweier MFS-Module und dem Verbinden der Steuereinheiten mittels industriellem Kommunikationsbus soll das MFS ohne jegliche Programmieraufwände in Betrieb genommen werden können; nur eine kurze Rekonfigurationsphase soll benötigt werden. Den Hauptbeitrag dieses Kapitels stellt die Herleitung und Verarbeitung der Wissensbasis der Agenten aus einer modellbasierten Beschreibung dar, um die automatische Rekonfiguration eines MFS-Moduls zu ermöglichen.

Dieses Kapitel ist wie folgt strukturiert: Im nächsten Abschnitt 1.2 werden die Anforderungen durch den MAS-basierten Ansatz zur automatischen Rekonfiguration von MFS-Modulen spezifiziert. Anschließend werden in Abschnitt 1.3 Technologien und Ansätze nach dem Stand der Technik anhand dieser Anforderungen evaluiert. Basierend auf dieser Analyse wird in Abschnitt 1.4 eine Lösung für die modellbasierte Entwicklung und eine entsprechende Architektur für MFS-Module sowie die Interaktion dieser beiden Teile dargestellt. Wie der Ansatz umgesetzt werden kann und eine erste Evaluation hinsichtlich Performanz wird in Abschnitt 1.5 gezeigt. Die Veröffentlichung schließt mit einer Zusammenfassung und einer Diskussion der Ergebnisse sowie zukünftiger Tätigkeiten in Abschnitt 1.6 ab.

1.2 Anforderungen des modellbasierten Ansatzes

Zur Steigerung der Flexibilität und Ermöglichung der automatischen Rekonfiguration müssen einige grundlegende Anforderungen hinsichtlich System- und Softwarearchitektur für das Design des modellbasierten Entwicklungsansatzes berücksichtigt werden.

1.2.1 Agentenbasierte Modularchitektur (A1)

Um den Herausforderungen eines flexiblen Materialflusssystems zu begegnen, werden die Module des Systems lose gekoppelt. Industrielle Agenten werden durch eine modulspezifische Wissensbasis sowie einen vordefinierten Handlungsspielraum charakterisiert. Da industrielle Agenten autonom handelnde Entitäten darstellen, die kommunizieren, um die geforderten Aufgaben zu erledigen [4], sollte ein agentenbasierter Ansatz für die Steuerung der automatisch rekonfigurierbaren Logistikmodule angewendet werden. Zusätzlich existieren agentenbasierte Ansätze in anderen Domänen wie bspw. automatisierten Produktionssystemen, die im Abschnitt zum Stand der Technik behandelt werden.

1.2.2 Modellbasiertes Design der Materialflussmodule (A2)

Das modellbasierte Design der Steuerungssoftware wird vor allem zunehmend bei mechatronischen Anlagen und Produkten eingesetzt, um die Fehleranfälligkeit zu reduzieren und die Komplexität zu bewältigen. Zur Sicherung der Kompatibilität zwischen verschiedenen Modulen wird ein Metamodell, das sowohl Modulfunktionen als auch agentenbasierte Charakteristika berücksichtigt benötigt. Zusätzlich ist die Logistikfunktionalität im Metamodell zu berücksichtigen.

Nach der Standardspezifikation (1990) des VDI können Materialflusssysteme aus verschiedenen Standardfunktionen bestehen, die sich zur Erreichung komplexerer Charakteristika kombinieren lassen. Diese Standardfunktionen sind auf generische Art und Weise in einer Modellvorlage vorzudefinieren und sollten zur Adaption an bestimmte Modulcharakteristika und -fähigkeiten erweiterbar sein. Zusätzlich sind die geometrischen Informationen in einer entsprechenden Modulbeschreibung einzuschließen.

1.2.3 Generierung von Modul- und Koordinator-Agenten (A3)

Die modellbasierte Entwicklung kann den Designprozess einzelner Module vereinfachen. Daher besitzt jeder einzelne Modul-Agent seine eigene Wissensbasis. Um die Fähigkeiten des Systems zu erhalten, wird der Inhalt jeder einzelnen Wissensbasis, z. B. zur Verfügung stehende Funktionen, automatisch gesammelt, verarbeitet und in der Wissensbasis des zentralisierten Koordinator-Agenten gespeichert. Neben den Fähigkeiten von Agenten benötigt das Materialflusssystem die geometrischen Informationen über jedes Modul. Daher sollten alle angeschlossenen Module eines Systems einschließlich ihrer Lokalisierungsparameter und Fähigkeiten vom Koordinator-Agenten erfasst werden. Infolgedessen ist der funktionale und geometrische Handlungsspielraum des gesamten Materialflusssystems in der Wissensbasis des Koordinator-Agenten zu definieren. Der Algorithmus zur Gewinnung bzw. Sammlung dieser Informationen von den einzelnen Agenten sollte ebenfalls auf modellbasierte Art und Weise definiert werden.

1.2.4 Generierung von IEC 61131-3 konformem Code (A4)

Um den angestrebten Modellierungsansatz der Modulfähigkeiten (A2) und die automatische Generierung der System-Wissensbasen (A3) applizieren zu können, sollte das modellbasierte Design nicht nur die technischen Aspekte abbilden, sondern auch Spezifikationen für die Laufzeit zur Ausführung der Modelle liefern. Die Bereitstellung von Modellinformationen an die Steuerung sollte durch eine Codegenerierung, basierend auf dem Standard der Meta Object Facility (MOF) [5] und der darin enthaltenen Model-to-text Transformation (MOFM2T) [6] geschehen. Da zur Ausführung von Software der MFS-Module hauptsächlich SPSen genutzt werden, muss der generierte Code dem internationalen Standard IEC61131-3 entsprechen.

1.2.5 Automatische Rekonfiguration während des Betriebs (A5)

Zusätzlich zu den technischen Anforderungen ist die Rekonfiguration der Module während des Betriebs eine der wesentlichen Anforderungen. Rekonfiguration wird in diesem Fall definiert durch die Interaktion und automatische Konfiguration der Module im gleichen Netzwerk. Infolgedessen teilen sich die Module übliche Funktionen und können als ein MFS handeln.

1.3 Stand der Technik

In diesem Abschnitt werden modellgetriebene Entwicklungsansätze und Vorgehen zur Entwicklung automatisierter und vor allem agentenbasierter Systeme vorgestellt. Zusätzlich werden Architekturen, die die Möglichkeit hinsichtlich automatischer Rekonfiguration automatisierter Produktionssysteme bieten, behandelt.

Wie komplex objektorientierte Modelle mechatronischer Systeme mit der Unified Modeling Language (UML) erstellt werden können, zeigt Secchi et al. [7, 8]. Das Modell berücksichtigt die Systemkomponenten sowie die zugehörige Steuerungssoftware und die Interaktion durch den Austausch von Informationen. Daher ermöglicht der Ansatz die Systembeschreibung hinsichtlich Struktur und Architektur, berücksichtigt jedoch nicht die Rekonfiguration während des Betriebs (A5), weshalb Erweiterungen notwendig sind. Zusätzlich zeigen Priego et al. [9] einen modellgetriebenen Entwicklungsansatz zur Entwicklung von mechatronischen Modulen. Ein Werkzeug hilft bei der Erweiterung der Elemente in Automatisierungsprojekten, um die Rekonfiguration während des Betriebs zu ermöglichen. Nichtsdestotrotz erfüllt eine zentrale Architektur ohne die Vorteile von Agenten nicht die Anforderungen hinsichtlich Flexibilität, Modularität und verteilten Steuerungen (A1, A5).

Schleipen et al. [10] zeigen derzeit andauernde Forschungsprojekte im Umfeld der Industrie 4.0 und „plug&produce" basierend auf OPC-UA und AutomationML. Damit wird die Beschreibung von Anlagenmodulen durch ein konsistentes Austausch-Format und die Online-Untersuchung der Gerätebeschreibung ermöglicht. Dennoch ist ein gewisser Aufwand zur Verbindung von Modulen mit dem Automatisierungssystem notwendig und eine Metamodell-Beschreibung für Logistikmodule wird nicht vorgestellt.

Das Ziel des Ansatzes, der von Beyer et al. [11] vorgestellt wird, ist die Entwicklung einer dezentralisierten Methodik für das Design von Transportanlagen. In diesem Ansatz werden Transportanlagen als komplexe, adaptive Systeme modelliert. Ein ähnlicher Ansatz von Ferreira et al. [12] führt ein MAS zur Planung und Optimierung in einem Enterprise Service Bus Ecosystem ein. Dennoch werden weder Codegenerierung noch Anwendungen in Laufzeitsystemen aufgezeigt (A3, A4, A5).

Peixoto et al. [13] zeigen eine Analyse hinsichtlich Steuerung von automatisierten Systemen. Im Vergleich zwischen MAS und SPSen zeigt das MAS Vorteile bezüglich Flexibilität und reduziertem Rekonfigurationsaufwand. Dabei wird die Zykluszeit der SPS im Gegensatz zu PC-basierten Ansätzen nicht durch das Hinzufügen von Modulen beeinflusst, was ein signifikantes Evaluationsergebnis darstellt. Daher werden bei dem in dieser Veröffentlichung gewählten Ansatz die Vorteile von SPS-gesteuerten Modulen und die Organisation in einem MAS kombiniert. Dennoch berücksichtigt der Ansatz von Peixoto et al. [13] nicht die Codegenerierung oder ein Modell für Logistikmodule (A4, A2). Vallée et al. [14] zeigen einen Ansatz zur Rekonfiguration von Materialflusssystemen mittels Agenten. Unter Nutzung eines auf Ontologien basierenden „global world model" können Agenten interagieren und Rekonfigurationen vornehmen, z. B. die Umleitung im Falle eines Ausfalls oder einer Fehlerdiagnose auf Basis von Konzepten, die vergleichbar mit virtuellen Sensoren sind [15]. Im Gegensatz zu dem von uns gewählten Ansatz berücksichtigt der Beitrag nicht die modellbasierte Beschreibung von Materialflussmodulen und deren Komposition durch automatische Rekonfiguration während des Betriebs (A2, A3).

Burmester et al. [16] zeigen einen Ansatz zur Integration von Software und Mechatronik, welcher auf einer semantisch reichhaltigen Schnittstelle zwischen Komponenten basiert. Die Rekonfiguration des Systems erfordert dabei allerdings die Vorab-Definition möglicher Konfigurationen. Zusätzlich zeigen Dai et al. [17] wie Service-orientierte Architekturen auf IEC 61499 Funktionsblöcke abgebildet werden können. Darüber hinaus wird der Rekonfigurationsprozess zum Hinzufügen von Funktionalitäten spezifiziert. Nichtsdestotrotz wird die Generierung der Wissensbasis vom Koordinator-Agenten und die Ausführung auf industriellen, IEC 61131-3 konformen Steuerungen nicht behandelt (A3, A4). Schmitt et al. [18] und Kipouridis et al. [19] schlagen eine Methodik für die Koordinierung von (mobilen) Agenten mittels unterschiedlicher Technologien vor, z. B. durch eine Cloud.

Analog zu unserem Systemansatz übernimmt jeder Agent lokale Aufgaben und kommuniziert mit benachbarten Agenten zur Aufgabenkoordinierung. Allerdings werden weder die Echtzeitfähigkeit der Agenten noch ein Metamodell, das die Codegenerierung ermöglicht, angesprochen (A2, A4).

Sorouri et al. [20] schlagen eine Softwarearchitektur für verteilte, modulare Mechatronikobjekte auf Basis eines flexiblen Robotermanipulators vor. Ähnliche Ansätze nutzen für verteilte Systeme MAS zur Prozessplanung [21] und zur Steigerung der Flexibilität von Produktionsprozessen, z. B. einer Produktionslinie für Waschmaschinen [22]. Dieser Ansatz liefert jedoch kein Metamodell für eine Logistikmodul-Architektur, das zur Beschreibung von mehreren unterschiedlichen Modulen im Gebiet von MFS genutzt werden kann (A3).

Orozco et al. [23] präsentieren ein Steuerungsmodell für Fertigungssysteme, das die Rekonfiguration von Systemen ermöglicht, die aus mechatronischen Modulen bestehen. Dafür wird die Steuerung des Systems nach Koordination und Logik aufgeteilt. Die Kommunikation erfolgt über eine publisher/subscriber Architektur und gemeinsam genutzten Speicher. Den Ergebnissen des Beitrags zufolge empfiehlt sich das Prinzip der Kommunikation für die Echtzeitkommunikation zwischen Modulen auch für den hier gewählten Ansatz. Nichtsdestotrotz erfüllt der Ansatz nach Orozco et al. [23] nicht die Anforderungen hinsichtlich einer metamodellbasierten Beschreibung für Logistikmodule (A2).

Neben den MAS-basierten Ansätzen stellen Dürkop et al. [26] ein Schema zur Evaluation des Ausmaßes der Selbstkonfiguration in Kommunikationssystemen vor. Als ein Ergebnis geht das EtherCAT-Protokoll als potenziell einsetzbare Technologie für die automatische Rekonfiguration im Bereich der Echtzeit-Kommunikationssysteme hervor. Ähnliche Ergebnisse wurden in vorangegangenen Forschungstätigkeiten un-

Tab. 1.1: Gegenüberstellung aktueller Ansätze im Bereich der Intralogistik.

	A1	A2	A3	A4	A5
Burmester et al. [16]	+	–	+	–	+
Orozco et al. [24]	+	–	–	+	+
Sorouri et al. [20]	+	–	–	–	+
Vallée et al. [14]	+	+	–	–	+
Priego et al. [9]	–	+	–	+	–
Guo et al. [25]	+	–	+	–	+
Beyer et al. [11], Feireira et al. [12]	+	+	+	–	–
Schleipen et al. [10]	–	–	–	+	+
Schmitt et al. [18]	+	–	–	o	+
Kipouridis et al. [19]	+	–	–	–	+
Dai et al. [17]	+	–	–	–	+

serer Arbeitsgruppe erzielt. Es lässt sich zusammenfassen, dass viel Forschung im Bereich der rekonfigurierbaren MAS betrieben wird, die sich größtenteils allerdings nicht auf MFS beziehen und die Generierung von Wissensbasen für Agenten nach einer Metamodellbeschreibung nicht zulassen. (Tabelle 1.1). Daher sollte der von uns gewählte Ansatz eine modellbasierte Entwicklung zur Generierung von Wissensbasen für Agenten und die Anbindung von Systemmodulen während des Betriebs durch automatische Rekonfiguration ermöglichen.

1.4 Modellbasierte Entwicklung von Modulen

Dieser Abschnitt beschreibt wie die Wissensbasen der Agenten entsprechend der einzelnen Komponenten und Fähigkeiten eines Moduls – repräsentiert durch einen Modulagenten – modelliert und zur Wissensbasis des Koordinator-Agenten, der letztendlich das MFS repräsentiert, zusammengesetzt werden. Um die Modulstruktur zu beschreiben, wird das Metamodell AutoMFM genutzt (Abbildung 1.1).

Der modellbasierte Entwicklungsansatz führt zu Vorteilen sowohl hinsichtlich Entwicklungs- und Inbetriebnahmezeit als auch bezüglich Fehleranfälligkeit, was in vorangegangen Forschungsarbeiten gezeigt wurde [27]. Darüber hinaus lässt sich der Aufwand für die Softwareentwicklung von Logistikmodulen und modularen Logistiksystemen reduzieren. Ein Ansatz zur Erweiterung dieses Metamodells für die Modellierung von Agenten, die ein Modul des MFS repräsentieren, wird im folgenden Abschnitt vorgestellt. Zusätzlich werden Ansätze für Kommunikation und Codegenerierung diskutiert.

Die Systems Modeling Language (SysML) begünstigt das modellbasierte Design für agentenbasierte Steuerungsalgorithmen von Modulen und die Definition von bestimmten Profilen auf Basis von Metamodellen [28]. Außerdem werden Systeme durch die Möglichkeit zur automatischen Rekonfiguration komplexer und die „Intelligenz" der einzelnen Komponenten steigt. Dabei ermöglicht eine agentenbasierte Architektur die Kapselung von Modulen und ihrer entsprechenden Funktionen (Anforderung A1). Diese modulspezifischen Funktionen stellen den Kern der Wissensbasis eines Agenten dar. Um die Methode einzuführen, werden die Basisfunktionen der VDI (1990) für Logistik, d. h. transportieren, lagern und handhaben, wie in Anforderung A2 vorgeschlagen angewendet. Die Metaklasse jeder Logistikfunktion definiert Schnittstellen, unterstützte Methoden und Koordinaten für die Eingangs- und Ausgangs-Transporteinheiten (TE) (Abbildung 1.1). Neben den Metainformationen wird jede Funktion durch ein Zustandsdiagramm repräsentiert, das ein Muster (Template) für die Hauptcharakteristika wie bspw. „halten" oder „freigeben" enthält.

Da nur die Schnittstellen definiert sind, kann jede Instanz einer Modulfunktion durch die Erweiterung des verknüpften Zustandsdiagramms entsprechend der durch das Modul zur Verfügung gestellten Fähigkeiten angepasst werden. Alternativ können die Funktionen aus einer Produktbeschreibung und einer semantischen Wissensbasis

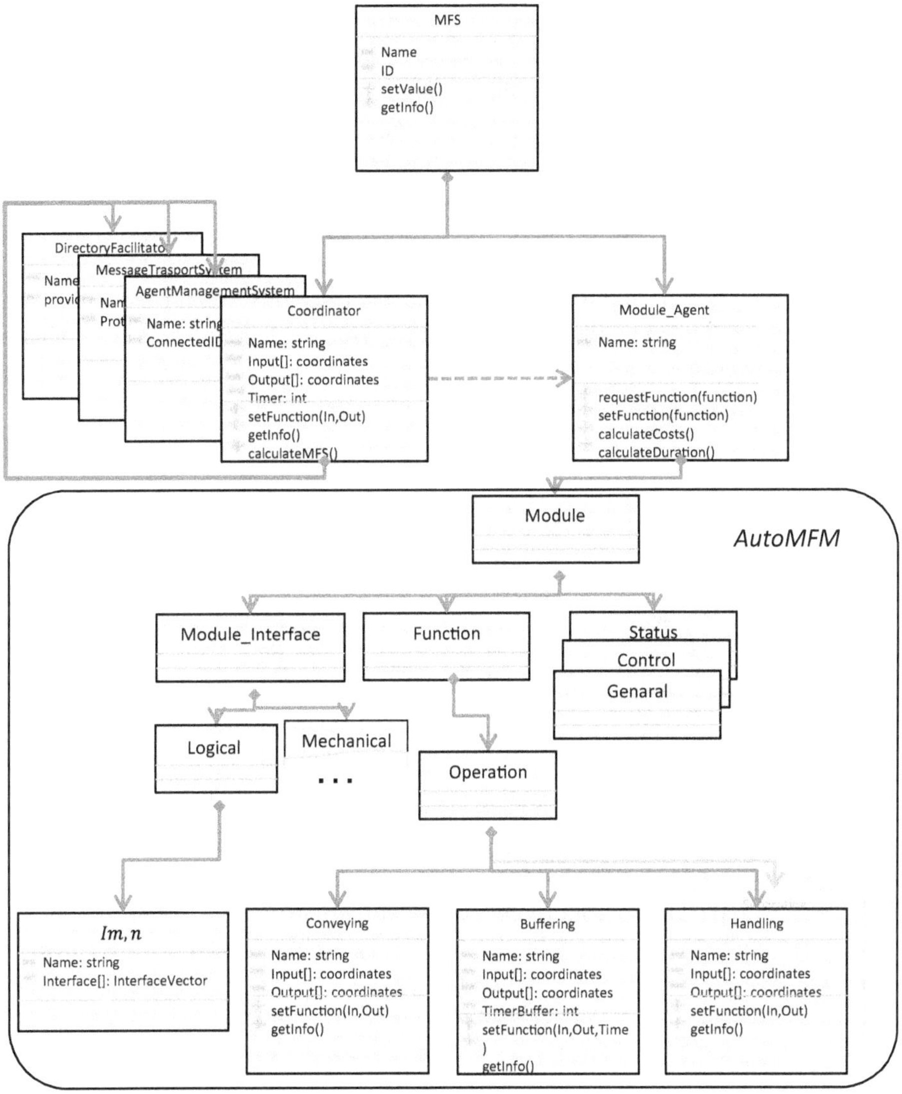

Abb. 1.1: Metamodell für agentenbasierte Intralogistiksysteme.

abgeleitet werden, wie es von Otto et al. [29] gezeigt wird. Da die automatische Rekonfiguration der Module in einem MFS während des Betriebs und ohne Entwicklungsaufwand oder Um-/Neuprogrammierung geschehen soll, sind die modulspezifischen Daten in der Steuerung des Moduls zu speichern. Daher werden sowohl Funktions-ID als auch geometrische Ein- und Ausgangsdaten aller Funktionen, die mit einem Modul verknüpft sind, von einem Modulagenten verwaltet. Dadurch enthält die Wissensbasis eines Modulagenten alle verfügbaren Funktionen, die geometrischen Daten der Module, die Verknüpfung der Ein-/Ausgangsschnittstellen zu Funktionen und die Ausführungszeit für jede Funktion. Auf Basis dieser Daten ist der Modulagent in der Lage, sowohl eine Anschlusspunkt-Eingangsmatrix (engl. Connection point input (CPI)) als auch eine Anschlusspunkt-Ausgangsmatrix (engl. Connection point output (CPO)) zu berechnen. Diese Matrizen enthalten die Schnittstellen eines Moduls, die als eingangs- oder ausgangsseitige Anschlusspunkte definiert sind. Solche (Anschluss-)Punkte werden als Vektoren dargestellt, die die Informationen über die Geometrie von Ein- und Ausgängen sowie die entsprechenden Modul-ID M_k und Funktions-ID F_i, F_o für Ein- und Ausgänge enthalten. Diese Funktionen werden den Anschlusspunkten zum Empfangen und Senden von Transporteinheiten an benachbarte Module zugewiesen.

Modul-ID

$$M_{k,F} = \begin{cases} F_\mathrm{i} \mid F_\mathrm{i} \in \{F_{\mathrm{i}_1} \ldots F_{\mathrm{i}_n}\} \\ F_\mathrm{o} \mid F_\mathrm{o} \in \{F_{\mathrm{o}_1} \ldots F_{\mathrm{o}_n}\} \end{cases} \quad ; \quad k = \{k \mid k \in \mathbb{N}\}$$

Connection point Input (CPI): Connection point output (CPO):

$$\mathrm{CPI}_{M_k} = \begin{pmatrix} M_k & \ldots & M_k \\ F_{\mathrm{i}_1} & \ldots & F_{\mathrm{i}_n} \\ x_1 & \ldots & x_n \\ y_1 & \ldots & x_n \\ z_1 & \ldots & x_n \end{pmatrix} \qquad \mathrm{CPO}_{M_k} = \begin{pmatrix} M_k & \ldots & M_k \\ F_{\mathrm{o}_1} & \ldots & F_{\mathrm{o}_n} \\ x_1 & \ldots & x_n \\ y_1 & \ldots & x_n \\ z_1 & \ldots & x_n \end{pmatrix}$$

Obwohl ein MAS ein dezentralisiertes System aus autonomen Agenten darstellt, wird eine zentrale Instanz, das Agenten Management-System (AMS) benötigt, welches eine Zusammenstellung aller verfügbaren Agenten (DF) beinhaltet und dafür sorgt, dass die Agenten sich gegenseitig finden und auf strukturierte Art und Weise kommunizieren. In diesem Zusammenhang stellt beim gewählten Ansatz der Koordinator-Agent die zentrale Instanz dar. Wie in A3 vorgestellt enthält die Wissensbasis dieses Agenten die geometrischen Daten aller angeschlossenen Module sowie die unterstützten bzw. verfügbaren Funktionen. Da die entsprechenden Ein- und Ausgangsmatrizen jedes Moduls durch den Modulagenten verfügbar sind, ist der Koordinator-Agent in der Lage die globalen System-Ein- ($\mathrm{CPI}_\mathrm{MFS}$) und Ausgangsmatrizen ($\mathrm{CPO}_\mathrm{MFS}$) zu berechnen.

$$\mathrm{CPI}_\mathrm{MFS} = (\mathrm{CPI}_{M,\mathrm{Func}_1} \mathrm{CPI}_{M,\mathrm{Func}_2} \ldots \mathrm{CPI}_{M,\mathrm{Func}_n})$$

Durch die Verbindung aller Materialflussausgänge erhält man die CPO-Matrix:

$$\mathrm{CPO}_\mathrm{MFS} = (\mathrm{CPO}_{M,\mathrm{Func}_1} \mathrm{CPO}_{M,\mathrm{Func}_2} \ldots \mathrm{CPO}_{M,\mathrm{Func}_n})$$

Da der Koordinator die zentrale Instanz im System darstellt, müssen die Daten-Vektoren als Repräsentation der Ein- und Ausgänge von den Modulagenten an diesen übermittelt werden. Die Übermittlungsprozedur kann innerhalb eines Rekonfigurations-Zyklus ausgeführt werden, der durch Änderungen im MFS, z. B. durch Hinzufügen oder Entfernen von Modulen ausgelöst wurde. Nachdem die Verbindung von einem Modul zum Netzwerk des Materialflusssystems aufgebaut oder getrennt wurde, werden die CPI- und CPO-Matrizen der Module über einen asynchronen Kanal des „EtherCAT Automation Protocol" (EAP) an den Koordinator-Agenten übermittelt. Daraufhin wird der Berechnungsvorgang durch den Koordinator-Agenten ausgeführt. Während dieser Zeitspanne ist das System so lange bis der Einfluss der Änderung berechnet wurde in einen Warte-Zustand zu versetzen.

Bei der Anordnung der Module ist für ein MFS darauf zu achten, dass ein Modulausgang mit dem Eingang des benachbarten Moduls verbunden ist. Daher wird die Verknüpfung von Modulen als Paar von gleichen CPO und CPI identifiziert. Dadurch können alle Verbindungspunkte (engl. Connection point connector (CPC)) in einer Matrix angegeben werden.

$$\mathrm{CPC}_{\mathrm{MFS}} = \{x \mid x \in \mathrm{CPO}_{\mathrm{MFS}} \wedge x \in \mathrm{CPI}_{\mathrm{MFS}}\} \begin{pmatrix} M_{k_1} & \dots & M_{k_1} \\ F_{\mathrm{o}_1} & \dots & F_{\mathrm{o}_n} \\ M_{k_2} & \dots & M_{k_2} \\ F_{\mathrm{i}_1} & \dots & F_{\mathrm{i}_n} \\ x_1 & \dots & x_n \\ y_1 & \dots & x_n \\ z_1 & \dots & x_n \end{pmatrix}$$

Ungenauigkeiten, die zwischen den Anschlusspunkten auftreten können, werden durch entsprechende Toleranzen kompensiert. Basierend auf den Informationen über die Modulanschlüsse ist es möglich die globalen Ein- und Ausgänge des MFS zu berechnen. Daraus folgt die Definition der globalen Eingänge (engl. global inputs (PI)) als Differenz zwischen Eingangsmatrix und Anschlussmatrix.

$$\mathrm{PI}_{\mathrm{MFS}} = \{x \mid x \in \mathrm{CPI}_{\mathrm{MFS}} \wedge x \notin \mathrm{CPC}_{\mathrm{MFS}}\}$$

Analog können die Ausgangs-Schnittstellen (engl. global outputs (PO)) als Differenz aus Ausgang und Anschlussmatrix berechnet werden:

$$\mathrm{PO}_{\mathrm{MFS}} = \{x \mid x \in \mathrm{CPO}_{\mathrm{MFS}} \wedge x \notin \mathrm{CPC}_{\mathrm{MFS}}\}$$

Basierend auf den berechneten Informationen hinsichtlich der aktuellen Systemkonfiguration, d. h. Anschlusspunkte, zur Verfügung stehende Funktionalitäten, Ausführungsdauer und globale Ein-/Ausgänge, wird die Wissensbasis des Koordinators – wie in A3 angeregt – automatisch aktualisiert. Daraufhin ist der Koordinator-Agent in der Lage, Modulfunktionen anzufordern, um einen bestimmten Transportauftrag zu erledigen. Neben der asynchronen Kommunikation während des Rekonfigurations-Zyklus über EAP kommunizieren die Modulagenten über vorkonfigurierte Netzwerkvariablen, die in Echtzeit ausgetauscht werden können. Dazu gibt jede Modulschnittstelle ($I_{M,n}$) Informationen über Förderrichtung, Geschwindigkeit, Freigabe-Bit und TE-ID bekannt: Basierend auf diesen Informationen ist der Austausch von TE zwischen zwei Modulen auf synchrone Art und Weise durchzuführen. Hingegen werden die Anfragen und Aufträge für Transporteinheiten durch den Koordinator-Agenten geplant und über den asynchronen Kanal des EAP übermittelt.

$$I_{M,n} = \begin{pmatrix} \vec{v}(x,y,z) \\ |\vec{v}(x,y,z)| \\ r \\ \mathrm{TU} \end{pmatrix}$$

Auch die Codegenerierung wird durch ein MOF-kompatibles Metamodell ermöglicht; eine Toolkette, die in vorangegangenen Projekten des Instituts evaluiert wurde, z. B. von Vogel-Heuser et al. [28]. Die Klassen werden basierend auf der MOFM2T-Spezifikation, die Informationen über Struktur, Parameter und Verbindungen zwischen Modulklassen im Modell enthält, in eine eXtensible Markup Language (XML) Datei übersetzt. Um die Steuerungsinformationen in eine industrielle Entwicklungsumgebung wie bspw. TwinCAT3 importieren und anschließend kompilieren sowie auf der SPS ausführen zu können, wird der XML-Code in PLCopenXML-Code transformiert [21].

Zusätzliche Informationen bezüglich des Verhaltens können durch andere Modellierungswerkzeuge, wie bspw. Simulink mit Codegenerierung für Zustandsdiagramme, hinzugefügt werden. Innerhalb von Simulink stehen Vorlagen (Templates) für die Funktionen nach VDI 2860 [30] zur Verfügung.

1.5 Evaluation der Rekonfigurationsdauer

Der folgende Abschnitt behandelt die Evaluation des modellbasierten Design-Ansatzes für agentenbasierte, automatisch rekonfigurierbare Module. Es wird zunächst ein Beispielsystem zur Evaluation eingeführt, wobei zusätzlich die Rekonfiguration zwischen zwei Modulsteuerungen ausgeführt und hinsichtlich Dauer untersucht wird.

1.5.1 Anwendungsbeispiel von Wissensbasen für Agenten

Das zu evaluierende System für diese Veröffentlichung besteht aus zwei Modulen, die – wie in Anforderung A1 vorgeschlagen – von zwei getrennten Steuereinheiten innerhalb des MAS gesteuert werden. Das Modul „logistische T-Verzweigung“ wird eingesetzt um Transporteinheiten zu transportieren und TE-spezifische Änderungen an der Transportroute vorzunehmen (Abbildung 1.2 – links). Dazu besteht das Modul aus einem Haupt-Transportgurt, welcher die Förderung der TE in zwei Richtungen (vorwärts und rückwärts) ermöglicht, und einer zweiten Fördereinheit, die nur zum Abführen von auf dem Hauptgurt befindlichen TE genutzt werden kann. Dadurch besitzt der Förderer zwei Anschlüsse am Hauptgurt, die entweder als Ein- oder Ausgang verwendet werden können, sowie einen dritten Anschluss, der sich ausschließlich als Ausgang verwenden lässt. Zusätzlich erfasst eine Lichtschranke an jedem Eingang und Ausgang ankommende sowie abfahrende Transporteinheiten. Um TE vom Hauptgurt zum Ausgang des zweiten Gurtförderers zu leiten, wird eine Art Weiche verwendet. Basierend auf der Architektur stellt das Modul drei Funktionen (F) zur Verfügung, die entsprechend der durch das Metamodell (Abbildung 1.1) bereitgestellten Definition von „Fördern“ als Zustandsdiagramme (Abbildung 1.2 – links) modelliert wurden. Dadurch konnten die in A2 genannten Vorteile der modellbasierten Entwicklung, z. B. konsistente Module und Schnittstellendefinitionen, erreicht werden. Nachfolgend sind die modulspezifischen Funktionen aufgelistet:

$F_{1,1}$: Transportieren einer TE von Ein-/Ausgangspunkt 1 (IOP 1) (Koordinaten: $(0, 0, 0)$) zum Ein-/Ausgangspunkt 2 (IOP 2) (Koordinaten: $(1.5, 0, 0)$)

$F_{1,2}$: Transportieren einer TE von IOP 1 (Koordinaten: $(0, 0, 0)$) zum Ausgangspunkt 3 (IOP 3) (Koordinaten: $(0.9, 1.2, 0)$)

$F_{1,3}$: Transportieren einer TE von IOP 2 (Koordinaten: $(1.5, 0, 0)$) zum IOP 1 (Koordinaten: $(0, 0, 0)$)

Darüber hinaus kann eine Funktion nur ausgeführt werden, wenn eine TE im Einzugsfeld des entsprechenden Eingangssensors erfasst wurde. Die entsprechende matrizenbasierte Beschreibung wird dargestellt durch:

$$\mathrm{CPI}_1 = \begin{pmatrix} M_1 & M_1 & M_1 \\ F_{\mathrm{i}_1} & F_{\mathrm{i}_2} & F_{\mathrm{i}_3} \\ x_1 & x_2 & x_3 \\ y_1 & y_2 & y_3 \\ z_1 & z_2 & z_3 \end{pmatrix} = \begin{pmatrix} 1 & 1 & 1 \\ 1 & 2 & 3 \\ 0 & 0 & 1.5 \\ 0 & 0 & 0 \\ 0 & 0 & 0 \end{pmatrix};$$

$$\mathrm{CPO}_1 = \begin{pmatrix} M_1 & M_1 & M_1 \\ F_{\mathrm{o}_1} & F_{\mathrm{o}_2} & F_{\mathrm{o}_3} \\ x_1 & x_2 & x_3 \\ y_1 & y_2 & y_3 \\ z_1 & z_2 & z_3 \end{pmatrix} = \begin{pmatrix} 1 & 1 & 1 \\ 1 & 2 & 3 \\ 1.5 & 0.9 & 0 \\ 0 & 1.2 & 0 \\ 0 & 0 & 0 \end{pmatrix}$$

Das zweite Modul in diesem Beispiel ist ein einfacher Gurtförderer, der in zwei Richtungen (vorwärts und rückwärts) fördern kann (Abbildung 1.2 – rechts). Daher kann jeder Anschluss ein Eingang oder Ausgang sein. Zusätzlich enthält das Modul einen Pneumatikzylinder, der Transporteinheiten aufhalten kann während der Aktor (A.2) den Fördergurt antreibt, wodurch eine Pufferung mehrerer TE ermöglicht wird. Darüber hinaus sind zur Erfassung von TE zwei Sensoren an den Modulanschlüssen sowie zwei weitere Sensoren an den Pufferpositionen vorhanden. Analog zum zuerst vorgestellten Modul ist die Ausführung von Funktionen nur möglich, wenn eine TE im Einzugsfeld des entsprechenden Eingangssensors erfasst wurde. Außerdem wurde anstelle der Funktion „Fördern“ die Funktion „Puffern“ (Abbildung 1.1) zur Modellierung des Verhaltens genutzt. Daraus lassen sich die folgenden Funktionen ableiten:

$F_{2,1}$: Fördern und puffern von TE vom IOP 1 (Koordinaten: $(1.5, 0, 0)$) zum IOP 2 (Koordinaten: $(3, 0, 0)$)
$F_{2,2}$: Fördern und puffern von TE vom IOP 2 (Koordinaten: $(3, 0, 0)$) zum IOP 1 (Koordinaten: $(1.5, 0, 0)$)

Die entsprechende Matrix-Schreibweise wird repräsentiert durch:

$$\mathrm{CPI}_2 = \begin{pmatrix} 2 & 2 \\ 1 & 2 \\ 1.5 & 3 \\ 0 & 0 \\ 0 & 0 \end{pmatrix} ; \quad \mathrm{CPO}_2 = \begin{pmatrix} 2 & 2 \\ 1 & 2 \\ 3 & 1.5 \\ 0 & 0 \\ 0 & 0 \end{pmatrix}$$

Anschließend werden die Wissensbasen der Modulagenten durch das Verhalten definiert, z. B. Zustandsdiagramme und geometrische Parameter. Eine mögliche Komposition der Module ist die Verknüpfung von IOP 2 des ersten Moduls mit IOP 1 des zweiten Moduls (Abbildung 1.2). Der gemeinsame Anschlusspunkt und die verknüpften Funktionen der Module im System wird durch Vektoren dargestellt:

$$\mathrm{CPC}_{\mathrm{MFS}} = \begin{pmatrix} M_{k_1} & M_{k_1} \\ F_{\mathrm{o}_1} & F_{\mathrm{o}_2} \\ M_{k_2} & M_{k_2} \\ F_{\mathrm{i}_1} & F_{\mathrm{i}_2} \\ x_1 & x_2 \\ y_1 & y_2 \\ z_1 & z_2 \end{pmatrix} = \begin{pmatrix} 1 & 1 \\ 1 & 3 \\ 2 & 2 \\ 1 & 2 \\ 1.5 & 1.5 \\ 0 & 0 \\ 0 & 0 \end{pmatrix}$$

Das MFS besteht folglich aus zwei globalen Eingängen, an denen TE in das System eintreten und drei potenziellen Ausgängen, an denen TE das System verlassen können. Daher ist das System in der Lage, TE in Vorwärts- und Rückwärtsrichtung zwischen Anschluss Eins des ersten Moduls und Anschluss Zwei des zweiten Moduls zu fördern und zu puffern. Zusätzlich können durch das MFS TE vom Eingangspunkt Eins zum IOP 3 des ersten Moduls geleitet werden.

Die globalen Ein- und Ausgangsmatrizen zeigen die verknüpften Anschlüsse sowie die zugehörigen Module und Funktionen:

$$\mathrm{PI}_{\mathrm{MFS}} = \begin{pmatrix} 1 & 2 \\ 1 & 2 \\ 0 & 1.5 \\ 0 & 0 \\ 0 & 0 \end{pmatrix} ; \quad \mathrm{PO}_{\mathrm{MFS}} = \begin{pmatrix} 1 & 1 & 2 \\ 2 & 3 & 1 \\ 0.9 & 0 & 3 \\ 1.2 & 0 & 0 \\ 0 & 0 & 0 \end{pmatrix}$$

Demzufolge erlauben die Vorteile einer modellbasierten Beschreibung die konsistente Beschreibung von automatisierten Materialflussmodulen. Diese kann zur Ableitung der Wissensbasen der Agenten genutzt und zur Verarbeitung der Wissensbasis des Koordinator-Agenten eingesetzt werden, woraus sich die System-Funktionalitäten ableiten lassen wie es in A3 vorgeschlagen wurde. Basierend auf der Wissensbasis ist der Koordinator-Agent in der Lage die verknüpften Funktionen einer TE für bestimmte Transportaufträge anzufordern bzw. aufzurufen. Darüber hinaus wird die Planung mehrerer Transportaufträge für ein System durch die zur Verfügung stehenden Berechnungsfunktionen hinsichtlich Kosten und Dauer eines jeden Agenten begünstigt. Die Berechnung berücksichtigt die Anzahl der derzeitigen TE des betrachteten Moduls und deren Ziel. Schlussendlich verfügt der Koordinator-Agent durch die Statusinformationen über die Möglichkeit, Transportaufträge für das System anzunehmen oder abzulehnen.

1.5.2 Evaluation hinsichtlich Rekonfigurationsdauer

Der Einfluss von Änderungen am MFS in Form von Hinzufügen oder Entfernen eines Moduls hängt hauptsächlich von der Rekonfigurationsdauer ab. Dieser Wert wird definiert als die zeitliche Dauer zwischen dem Moment der Herstellung einer elektrischen Verbindung zu einem Modul bis zu dem Zeitpunkt, an dem alle Prozessschritte des Koordinator-Agenten abgeschlossen sind. Das zu untersuchende System (Abbildung 1.2) besteht aus zwei SPSen, wovon eine mit der T-Verzweigung verbunden ist und die andere zur Steuerung des Puffermoduls verwendet wird. Nach dem Kommunikationskonzept für die Rekonfiguration wurden die Modul-SPSen auf Basis des azyklischen EAP-Protokolls verbunden. Als Fertigstellungs-Indikatoren für den Evaluationsstatus

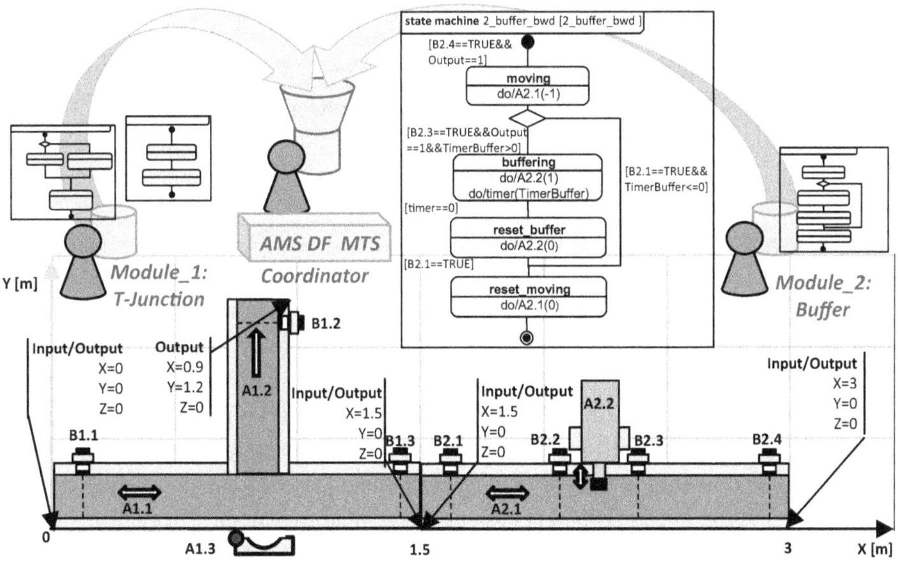

Abb. 1.2: Evaluierung des Ansatzes an einer T-Kreuzung.

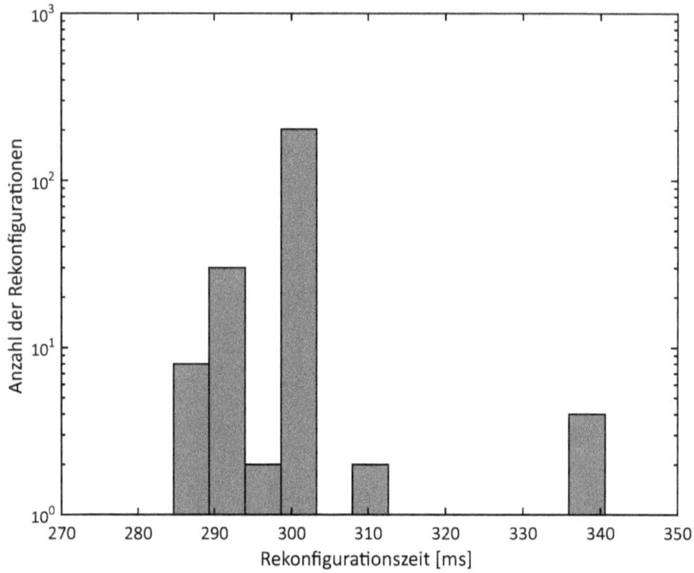

Abb. 1.3: Messung der Dauer für die Rekonfiguration.

wurden SPS-Variablen eingeführt, die sowohl eine neue Verbindung als auch den abgeschlossenen Rekonfigurationsprozess erfassen. Basierend auf Messungen von 250 Rekonfigurationszyklen in Folge konnte ein Mittelwert von 297 Millisekunden pro Rekonfiguration ermittelt werden (Abbildung 1.3).

Da die Unterbrechung einer Rekonfiguration nicht durch das System vorausgeplant werden kann, werden alle Transportaufträge mit dieser Rekonfigurationsdauer verzögert, was in aufeinanderfolgenden Prozessen berücksichtigt werden muss. Aufgrund der Tatsache, dass die Rekonfiguration erfolgreich in weniger als einer Sekunde durchgeführt werden konnte, wird Anforderung A5 erfüllt.

1.5.3 Generierung von IEC 61131-3 konformem Code

Basierend auf der modellbasierten Beschreibung und der Kompatibilität zur MOF enthält die generierte PLCopen XML-Datei für die T-Verzweigung in diesem Anwendungsfall vier Funktionsblöcke (FB): $F_{1,1}$, $F_{1,2}$, $F_{1,3}$, Module_Agent. Analog dazu besteht das Puffermodul aus drei FBen: $F_{2,1}$, $F_{2,2}$, Module_Agent. Darüber hinaus kann der Koordinator-Agent als zentrale Instanz entweder auf einer separaten SPS ausgeführt oder zu einem der Materialflussmodule hinzugefügt werden. In unserem Evaluationsbeispiel wurde der Koordinator-Agent dem T-Verzweigungs-Modul zugewiesen. Daher wird auch Anforderung A4 erfüllt.

Im Rahmen der Evaluation wurde gezeigt wie zwei Module, hier T-Verzweigung und Puffer, dem Metamodell entsprechend modelliert werden können. Darauffolgend wurde IEC61131-3 konformer Code basierend auf der Modellbeschreibung generiert. Die entstandene PLCopen XML-Datei konnte zur Kompilierung und Ausführung auf der Modulsteuerung in eine industrielle Entwicklungsumgebung integriert werden. Zusätzlich wurde gezeigt wie die konsistente Modul- und Schnittstellenarchitektur die automatische Rekonfiguration basierend auf einer formalisierten Beschreibung in weniger als einer Sekunde ermöglicht. Managementaktivitäten des Agenten erfolgen auf dem asynchronen Kommunikationskanal während die Modul-zu-Modul-Kommunikation die Echtzeitfähigkeit des EAP-Protokolls nutzt.

1.6 Zusammenfassung und Ausblick

In Anbetracht der steigenden Nachfrage für schnell rekonfigurierbare Logistiksysteme wird für MFS eine flexible, adaptive Struktur benötigt, um Module hinzuzufügen, zu entfernen oder zu modifizieren. Zusätzlich ist der Austausch von Modulen schnell und ohne Entwicklungs- oder Anpassungsaufwand von Software und Parametern zu gestalten. Daher wird ein Ansatz zur automatischen Rekonfiguration benötigt, der den Austausch, sprich das Hinzufügen oder das Entfernen von Logistikmodulen während des Betriebs, unterstützt. Eine Voraussetzung für diese Technologie ist eine gemeinsame Kommunikationsstrategie und die Beschreibung von Lage, Funktionen und Fähigkeiten eines Moduls.

In dieser Veröffentlichung wurden sowohl eine agentenbasierte Modularchitektur als auch der Inhalt von Wissensbasen und die Kommunikationsstrategie für die automatische Rekonfiguration vorgestellt. Basierend auf einem gemeinschaftlichen Meta-Entwicklungsmodell wurde die Softwarearchitektur eines MFM-Modells definiert. In diesem Zusammenhang werden mehrere Funktionen durch Zustandsdiagramme vordefiniert, die aus Grundzuständen, der Schnittstellendefinition und den Charakteristika einer Funktion wie bspw. start/stop oder im Falle der Pufferfunktion halten/loslassen bestehen. Entsprechend des konkreten Moduls können Zustände und Transitionen erweitert oder aus einer Produktbeschreibung abgeleitet werden. Zusätzlich wird jede Funktion durch geometrische Ein- und Ausgangsparameter parametrisiert. Die Modulspezifikation wird durch Methoden zur Berechnung der Dauer und der Kosten für eine Aktion vervollständigt. Außerdem zeigt der Beitrag wie die modellierten Funktionen entsprechend der Modellstruktur zusammengeführt werden und wie die Wissensbasen der Agenten automatisch aus dem Modell abgeleitet werden können. Folglich konnten eine gesteigerte Entwicklungseffizienz und ein konsistentes Design durch ein vordefiniertes SysML-Profil und gegebene Funktions-Entwürfe (Templates) erreicht werden.

Die Wissensbasen und Handlungsspielräume sind auf die Modulagenten verteilt, allerdings benötigt das MAS eine zentrale Management-Instanz, den Koordinator-Agenten. Dieser besteht aus Verweisen auf die Modulagenten und empfängt die Daten hinsichtlich verfügbarer/angebotener Modulfunktionen und deren Parameter. Aufbauend auf das Wissen über die Modulcharakteristika führt der Koordinator-Agent Algorithmen zur Bestimmung von CPC, PI und PO während eines Rekonfigurationszyklus aus. Infolgedessen können alle verfügbaren Funktionen des Systems in der derzeitigen Konfiguration durch den Koordinator-Agenten angefragt werden. Auf Basis der online aktualisierten Wissensbasis ist es möglich Transportaufträge für das MFS anzunehmen. Zur Kommunikation zwischen Modulagenten werden der Echtzeitkanal und der asynchrone Kanal des EAP verwendet. Im normalen Betrieb werden die Anfragen und Aufträge für Modulagenten über den asynchronen Kanal übertragen, da die Transportaufträge vorgeplant werden können und daher nicht zeitsensitiv sind. Im Gegensatz dazu sind die Informationen zwischen den Modulen mit den TE verknüpft und müssen zum Austausch von TE synchronisiert werden. Daher wird der Echtzeitkanal des EAP für die „Modul-zu-Modul-Kommunikation" genutzt. Der Datenaustausch im Falle einer Rekonfiguration stellt eine Unterbrechung im normalen Betrieb dar. Daher ist der limitierende Faktor hinsichtlich Systemleistung die Dauer, die für diesen Rekonfigurationsablauf benötigt wird. Obwohl der asynchrone Kanal des EAP zum Austausch von Informationen während eines Rekonfigurationszyklus verwendet wird, kann das Ziel von weniger als einer Sekunde für diesen Vorgang erreicht werden. Weitere Untersuchungen sollten den Einfluss der Anzahl an Verbindungen auf die Rekonfigurationsdauer quantifizieren.

Zukünftige Untersuchungen werden die Erweiterung von logistischen Funktionen auf dem Gebiet von Warenhäusern und Lagern fokussieren. Dazu werden neue, rekonfigurierbare Module zum MFS hinzugefügt, um die Charakteristika hinsichtlich Kommunikationsauslastung und Rekonfigurationsdauer zu evaluieren. Eine andere Erweiterung in diesem Kontext stellt die Einführung von komplexeren Modulschnittstellen wie bspw. von Industrierobotern dar.

Literatur

[1] B. Vogel-Heuser, A. Fay, I. Schaefer, and M. Tichy, "Evolution of software in automated production systems Challenges and Research Directions," Journal of Systems and Software, 2015.

[2] P. Leitão, V. Mařík, and P. Vrba, "Past, Present, and Future of Industrial Agent Applications," IEEE TRANSACTIONS ON INDUSTRIAL INFORMATICS, vol. 9, no. 4, pp. 2360–2372, 2013.

[3] ARC Advisory Group, "PLC & PLC-based PAC Worldwide Outlook: Five year market analysis and technology forecast through 2016," 2011.

[4] M. Wooldridge and N. R. Jennings, "Intelligent agents: theory and practice," The Knowledge Engineering Review, vol. 10, no. 2. pp. 115–152, 1995.

[5] Object Management Group (OMG), "OMG Meta Object Facility (MOF) Core Specification," no. August, 2016.

[6] Object Management Group (OMG), "MOF Model to Text Transformation Language," 2008.

[7] C. Secchi, M. Bonfe, and C. Fantuzzi, "On the use of UML for modeling mechatronic systems," IEEE Transactions on Automation Science and Engineering, vol. 4, no. 1, pp. 105–113, 2007.

[8] L. Bassi, C. Secchi, M. Bonfé, and C. Fantuzzi, "A SysML-based methodology for manufacturing machinery modeling and design," IEEE/ASME Transactions on Mechatronics, vol. 16, no. 6, pp. 1049–1062, 2011.
[9] R. Priego, A. Armentia, E. Estévez, and M. Marcos, "On Applying MDE for Generating Reconfigurable Automation Systems," in IEEE 13th International Conference on Industrial Informatics (INDIN), 2015, pp. 1233–1238.
[10] M. Schleipen, A. Lüder, O. Sauer, H. Flatt, and J. Jasperneite, "Requirements and concept for Plug-and-Work: Adaptivity in the context of Industry 4.0," At-Automatisierungstechnik, vol. 63, no. 10, pp. 801–820, 2015.
[11] T. Beyer, R. Yousefifar, S. Abele, M. Bordasch, P. Göhner, and K.-H. Wehking, "Flexible Agent-based Planning and Adaptation of Material Handling Systems," in IEEE International Conference on Automation Science and Engineering (CASE), 2015, pp. 1060–1065.
[12] A. Ferreira, A. Pereira, N. Rodrigues, J. Barbosa, and P. Leitão, "Integration of an agent-based strategic planner in an enterprise service bus ecosystem," Proceeding – 2015 IEEE International Conference on Industrial Informatics, INDIN 2015, pp. 1336–1341, 2015.
[13] J. A. Peixoto, J. Souza, B. P. Reis, and C. E. Pereira, "Behavior of industrial manufacturing when managed by mult-agent systems," 19th IFAC World Congress, vol. 19, pp. 5247–5251, 2014.
[14] M. Vallée, M. Merdan, W. Lepuschitz, and G. Koppensteiner, "Decentralized reconfiguration of a flexible transportation system," IEEE Transactions on Industrial Informatics, vol. 7, no. 3, pp. 505–516, 2011.
[15] A. Wannagat and B. Vogel-Heuser, "Increasing flexibility and availability of manufacturing systems – Dynamic Reconfiguration of Automation Software at Runtime on Sensor Faults," in 9th IFAC IFIP Workshop on Intelligent Manufacturing Systems (IMS), 2008, pp. 278–283.
[16] S. Burmester *et al.*, "Tool support for the design of self-optimizing mechatronic multi-agent systems," International Journal on Software Tools for Technology Transfer, vol. 10, pp. 207–222, 2008.
[17] W. Dai, V. Vyatkin, J. H. Christensen, and V. N. Dubinin, "Bridging Service-Oriented Architecture and IEC 61499 for Flexibility and Interoperability," Industrial Informatics, IEEE Transactions on, vol. 11, no. 3, pp. 771–781, 2015.
[18] M. Schmitt, M. Orfgen, and D. Zühlke, "Dynamic reconfiguration of intelligent field devices by using modular software applications," in 15th IFAC Symposium on Information Control Problems in Manufacturing (INCOM), 2015, vol. 48, no. 3, pp. 561–566.
[19] O. Kipouridis, M. Roidl, W. A. Günthner, and M. Ten Hompel, "Cloud-Based Platform for Collaborative Design of Decentralized Controlled Material Flow Systems in Facility Logistics," in Proceedings of the 4th International Conference LDIC, 2015, pp. 313–322.
[20] M. Sorouri, S. Patil, Z. Salcic, and V. Vyatkin, "Software Composition and Distributed Operation Scheduling in Modular Automated Machines," IEEE Transactions on Industrial Informatics, 2015.
[21] A. Lüder, A. Klostermeyer, J. Peschke, A. Bratoukhine, and T. Sauter, "Distributed automation: PABADIS vs. HMS," in IEEE International Conference on Industrial Informatics (INDIN), 2003, no. 1, pp. 294–300.
[22] M. Foehr, P. Leitao, T. Wagner, T. Jäger, and A. Lüder, "Integrating Mechatronic Thinking and Multi-agent Approaches," in 17th Conference on Emerging Technologies & Factory Automation, 2012, pp. 1–8.
[23] O. J. Lopez Orozco and J. L. Martinez Lastra, "A Real-Time Interface for Agent-Based Control," in International Symposium on Industrial Embedded Systems, 2007, pp. 49–54.
[24] O. J. L. Orozco and J. L. M. Lastra, "Agent-Based Control Model for Reconfigurable Manufacturing Systems," in IEEE Conference on Emerging Technologies and Factory Automation (ETFA), 2007, pp. 1233–1238.

[25] M. Guo and D. V. Dimarogonas, "Bottom-up motion and task coordination for loosely-coupled multi-agent systems with dependent local tasks," in IEEE International Conference on Automation Science and Engineering, 2015, vol. 2015–Octob, pp. 348–355.
[26] L. Dürkop, J. Jasperneite, and A. Fay, "An analysis of real-time ethernets with regard to their automatic configuration," in IEEE International Workshop on Factory Communication Systems – Proceedings, WFCS, 2015.
[27] T. Aicher, D. Regulin, D. Schütz, M. Lieberoth-Leden, C. Spindler, W. A. Günthner, and B. Vogel-Heuser, "Increasing flexibility of modular automated material flow systems: A meta model architecture," in 8th IFAC Conference on Manufacturing Modelling, Management and Control (MIM), 2016.
[28] B. Vogel-Heuser, D. Schütz, T. Frank, and C. Legat, "Model-driven engineering of Manufacturing Automation Software Projects – A SysML-based approach," Mechatronics, vol. 24, no. 7, pp. 883–897, 2014.
[29] J. Otto, S. Henning, and O. Niggemann, "Why Cyber-physical Production Systems Need a Descriptive Engineering Approach – A Case Study in Plug & Produce," in 2nd International Conference on System-Integrated Intelligence: Challenges for Product and Production Engineering, 2014, vol. 15, pp. 295–302.
[30] VDI, "VDI-Standard: VDI 2860 Assembly and handling; handling functions, handling units; terminology, definitions and symbols," VDI-Standard, vol. VDI 2860. 1990.

Theresa Beyer, Ramin Yousefifar, Karl-Heinz Wehking und Peter Göhner

2 Agentenbasierte Planung von Intralogistiksystemen

Zusammenfassung: Aufgrund steigender Realisierungsmöglichkeiten und einer zunehmenden Dynamik der Anforderungen ist die Komplexität der Planung von Intralogistiksystemen in den letzten Jahren stetig gestiegen. Gleichzeitig müssen die Planungsdauern jedoch aufgrund des globalen Wettbewerbs verkürzt werden, was im Widerspruch zu dem heutigen intransparenten, zeitintensiven und erfahrungsbasierten Planungsprozess steht. Aus diesem Grund wird in diesem Beitrag ein Konzept vorgestellt, mit dessen Hilfe mögliche Planungsalternativen effizienter generiert werden können. Die Grundlage bilden hierbei intelligente Planungsobjekte, die sich unter Berücksichtigung der an das zu planende System gestellten Anforderungen zu einem Gesamtsystem integrieren. Diese Planungsobjekte werden mithilfe von Softwareagenten modelliert und umgesetzt.

2.1 Einleitung

Gemäß der Definition des VDMA (Verband Deutscher Maschinen- und Anlagenbau) umfasst die Intralogistik „die Organisation, Steuerung, Durchführung und Optimierung des innerbetrieblichen Materialflusses, der Informationsströme sowie des Warenumschlags in Industrie, Handel und öffentlichen Einrichtungen" [1]. In diesem Zusammenhang besteht die Aufgabe der Planung von Intralogistiksystemen in der Ermittlung einer optimalen Materialflussstruktur sowie die anforderungsgerechte Auswahl und Konfiguration hierfür optimaler Ressourcen [2]. Die Planung von Intralogistiksystemen hat in den letzten Jahren aufgrund einer wachsenden Dynamik der Anforderungen und Realisierungsmöglichkeiten stetig an Komplexität gewonnen. Um dieser zu begegnen, existieren unterschiedliche Planungsansätze, die Planern als Orientierungshilfe bei der Planung dienen [3]. Den meisten Planungsansätzen ist allerdings anzulasten, dass sie ohne Systematik „nach bestem Wissen und Gewissen" des Planers fungieren und somit durch dessen Präferenzen subjektiv „gefärbt" sind [4]. Laut einer am Institut für Fördertechnik und Logistik der Universität Stuttgart durchgeführten Studie über Quellen zur Auswahl von Ressourcen stützen sich Planer hauptsächlich auf subjektive Quellen wie ihre Erfahrung (siehe Abbildung 2.1). Des Weiteren haben auch persönliche Kriterien einen sehr großen Einfluss, wogegen objektive Quellen wie Auswahlregeln eher zweitrangig sind [5], was einerseits der Ermangelung von allgemeingültigen Regeln, andererseits der großen Planungskomplexität geschuldet ist. Dies kann in der Planungspraxis zu einer Auswahl von

https://doi.org/10.1515/9783110527056-002

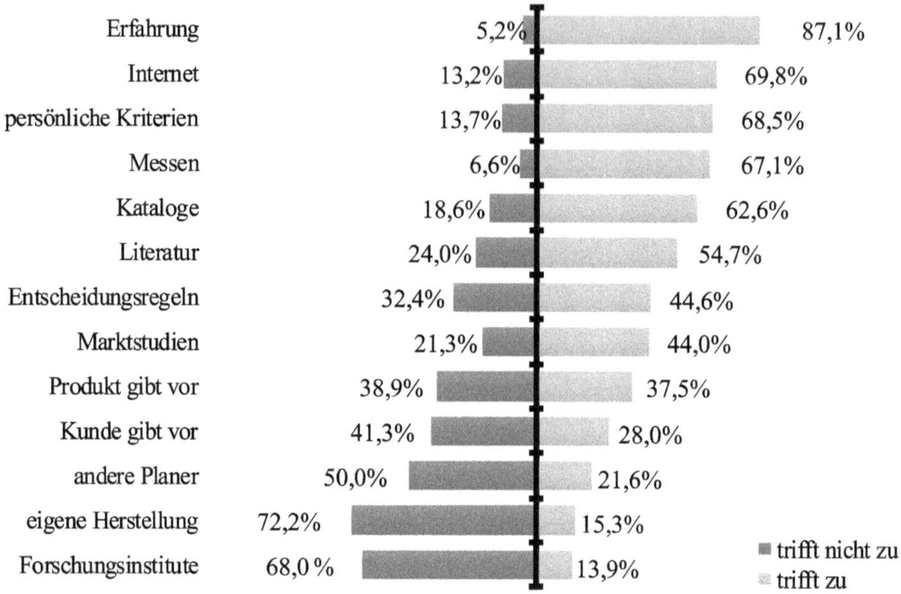

Abb. 2.1: Quellen zur Auswahl von intralogistischen Ressourcen (vgl. [5]).

ungeeigneten Modellen und Methoden und damit zu Verzögerungen und Fehlern bei der Planung führen [6, 7]. Um diese Probleme zu reduzieren und die Planung zu vereinfachen, sind deshalb rechnergestützte Methoden notwendig, die die Transparenz und Objektivität der Planung erhöhen und im Optimalfall zeitgleich die Planungsdauer reduzieren. Dabei gilt es an dieser Stelle festzustellen, dass die Aufgabenstellung der Planung von Intralogistiksystemen mit einer Vielzahl möglicher Lösungsmöglichkeiten, einer hohen Anzahl an sich gegenseitig beeinflussenden Planungsparametern sowie den sich dynamisch verändernden Ausgangssituationen durch bestehende, rechnergestützte Planungssysteme nur ineffizient lösbar sind (siehe Abschnitt 2.2). Das agentenorientierte Paradigma bietet hierzu ein geeignetes Hilfsmittel zur Beherrschung der Komplexität der Planung von Intralogistiksystemen. Durch die agentenbasierte Betrachtung ist es möglich, die Planung von Intralogistiksystemen auf autonome, interagierende Einheiten zu verteilen, wobei die Gesamtheit des Lösungsraums nicht zwingend bei der Entwicklung vollständig spezifiziert werden muss, sondern sich zur Laufzeit auf Basis der aktuellen Situation dynamisch bildet.

In den nachfolgenden Kapiteln wird hierzu zunächst ein kurzer Überblick über den Stand der Technik bei der Planung von Intralogistiksystemen gegeben. Darauf aufbauend wird das Konzept eines Assistenzsystems zur dezentralen Planung von Intralogistiksystemen vorgestellt, das auf intelligenten Planungsobjekten basiert. Anschließend wird die Modellierung des benötigten Wissens und die Umsetzung des Konzepts mithilfe von Softwareagenten vorgestellt. Anhand eines vereinfachten Anwendungsbeispiels, in dem exemplarisch die Bildung eines Funktionsbereichs gezeigt wird, soll abschließend das beschriebene Konzept illustriert werden.

2.2 Stand der Technik in der Planung von Intralogistiksystemen

Im Bereich der Planung von Intralogistiksystemen existieren unterschiedliche Vorgehensmodelle [8–10]. Diese unterscheiden sich zwar durch ihre Anzahl an Planungsphasen und deren Detailierungsgrad, sind aber grundsätzlich vom Ablauf identisch. Etablierte Modelle zeichnen sich durch ein sequenzielles, iteratives Vorgehen aus. Im Folgenden wird das von [9] entwickelte Vorgehensmodell, welches im Vergleich zu anderen Modellen die detailliertesten Planungsschritte aufweist, vorgestellt. Dabei umfasst dieses Vorgehensmodell sieben sequenzielle Phasen, die in Abbildung 2.2 dargestellt sind.

Der Planungsprozess beginnt bei diesem Vorgehensmodell mit der Formulierung der Aufgabenstellung, die eine Beschreibung des gewünschten Soll-Zustands zum Ergebnis hat. Im nächsten Schritt werden die Planungsdaten analysiert. Auf diesen Ergebnissen aufbauend startet die Grobplanung, die zum Ziel hat, unterschiedliche Varianten zu konzeptionieren und aus diesen die am besten geeignete Variante auszuwählen. Hierfür werden zuerst unterschiedliche Prozessvarianten entworfen und gegenübergestellt. Als Ergebnis dieses Planungsschrittes werden die vielversprechendsten Varianten von Materialflussoperationen ausgewählt. Die Prozessvarianten legen den Materialfluss und somit die Struktur des Intralogistiksystems fest und dienen damit als Basis für die weitere Planung [9]. Die ausgewählten Prozessalternativen werden dann in einem weiteren Schritt zu Arbeitsmittelvarianten verfeinert. Hierzu werden den Materialflussoperationen Arbeitsmittel bzw. Ressourcen zugeordnet, diese in ein Groblayout eingefügt und als Gesamtsystem dimensioniert. Dabei ist die möglichst optimale Zuordnung der Ressourcenvarianten unter Beachtung von räumlichen und technischen Restriktionen das angestrebte Ziel. In einem nächsten Entwicklungsschritt werden die Ressourcenvarianten bewertet und eine Vorzugsvariante ausgewählt. Als Ergebnis dieses Prozesses steht eine ausgewählte Systemvariante, die in der Phase der Feinplanung detailliert ausgeplant wird. Den Abschluss der Planung bildet die Ausschreibung der geplanten Systemvariante.

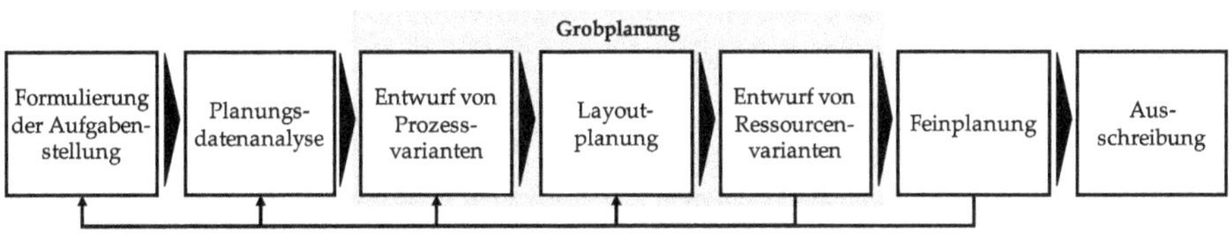

Abb. 2.2: Phasen des sequenziellen und iterativen Vorgehensmodells nach [9].

Ein Nachteil der beschriebenen sequenziellen, iterativen Vorgehensweise ist, dass erst zum Schluss der Grobplanung überprüft werden kann, ob die konzipierte Systemvariante den an sie gestellten Anforderungen entspricht. Wenn das Konzept der Systemvariante diese allerdings nicht erfüllt, muss der Planungsprozess erneut durchlaufen werden, indem zurück zu einem früheren Schritt gesprungen wird. Dieses Vorgehen hat dementsprechend lange Planungsdauern zur Folge. Aus diesem Grund werden in der Regel nur eine begrenzte Anzahl an Prozess- und Ressourcenvarianten betrachtet, die im Idealfall nur einen Teil des möglichen Lösungsraumes wiedergeben. Ein weiterer Nachteil ist, dass die Vorgehensmodelle lediglich eine Orientierungshilfe darstellen, wodurch der Prozess in der realen Umsetzung weiterhin stark abhängig von der Erfahrung des Planers ist. Die methodisch korrekte Auswahl, Kombination und Dimensionierung von Prozess- und Ressourcenvarianten stellt somit einen zeitaufwendigen manuellen Prozess dar. Hier ist eine auf Regeln basierende Herangehensweise nötig, da der Planungsprozess durch eine hohe Komplexität gekennzeichnet ist. Diese ergibt sich einerseits dadurch, dass Intralogistiksysteme individuell nach Kundenwünschen entwickelt werden. Andererseits müssen die einzelnen Ressourcen so integriert werden, dass die gewünschte Gesamtfunktionalität erfüllt wird. Hierbei existieren auf der einen Seite zahlreiche Abhängigkeiten, beispielsweise zwischen den Ressourcen, die während des Planungsprozesses berücksichtigt werden müssen. Auf der anderen Seite gibt es eine sehr große Variantenvielzahl an möglichen Prozess- und Ressourcenvarianten, die aus Zeitgründen nicht vollständig während des Planungsprozesses betrachtet werden können. Dies hat zur Folge, dass der Planer aufgrund seiner Erfahrung die Variantenvielzahl direkt beschränkt und möglicherweise die besten Varianten bei der Planung gar nicht berücksichtigt werden. Trotz dieser bekannten Defizite existieren bisher nur wenige rechnergestützte Ansätze, um den Planungsprozess zu unterstützen. Diese beschränken sich allerdings entweder auf einzelne Teilbereiche von Intralogistiksystemen wie die Kommissionierung [11] oder zeichnen sich durch einen hohen Abstraktionsgrad aus, indem Standardsysteme vordefiniert werden, wodurch die Komplexität reduziert wird [3]. Hier besteht folglich weiterhin der Bedarf nach einer ganzheitlichen rechnergestützten Methode, welche in der Lage ist, Intralogistiksysteme mit größerer Komplexität zu planen und zu bewerten. Im Bereich der Steuerung dieser Systeme existieren bereits verteilte und intelligente Ansätze, um der dort herrschenden Komplexität zu begegnen [12, 13]. Der Vorteil dieser Ansätze ist es, dass auf Änderungen zeitnah reagiert werden kann. Weil diese mithilfe von Agentensystemen umgesetzt worden sind, stellen Agentensysteme einen vielversprechenden Ansatz für eine dynamische und rechnergestützte Planung dar.

Da die Grobplanung von Intralogistiksystemen aufgrund ihrer grundlegenden, strukturbestimmenden Aufgabe die wichtigste Phase der Materialflussplanung darstellt, wird in diesem Beitrag ein Ansatz für eine rechnergestützte Grobplanung von Intralogistiksystemen präsentiert. Die besondere Wichtigkeit der Grobplanung wird deutlich, wenn bedacht wird, dass sich mit der gewählten Struktur möglicherweise auch bereits Fehler mit einer großen Auswirkung auf den weiteren Planungsverlauf und dessen Kosten einschleichen können.

2.3 Struktur von Intralogistiksystemen

Bei der Entwicklung einer agentenbasierten Software wird in einem ersten Schritt die Problemstellung in ihre Teilaufgaben bzw. Subsystemen zerlegt. Die zugrundeliegende Struktur von Intralogistiksystemen des in diesem Beitrag vorgestellten Konzepts ist in Abbildung 2.3 dargestellt. Allgemein setzen sich Intralogistiksysteme aus unterschiedlichen Funktionsbereichen wie Wareneingang, Kommissionierung usw. zusammen. Diese Funktionsbereiche lassen sich wiederum mithilfe von einzelnen Prozessen wie Fördern, Lagern etc. beschreiben. Nach DIN EN 14943 [14] kann mithilfe von verketteten Prozessen der Materialfluss modelliert werden. Ein Prozess stellt hierbei eine Tätigkeit dar, die einen Eingangszustand in einen Ausgangszustand transformiert. Durch eine Beschränkung auf Distributionszentren für Stückgüter können die benötigten Prozesse auf neun beschränkt werden. Dies sind die Prozesse Fördern, Lagern, Erfassen, Kennzeichnen, Vereinzeln von Flussobjekten, Bilden von Flussobjekten, Anbringen einer Ladesicherung, Entfernen einer Ladesicherung und Verteilen. Eine mögliche Ausprägung vom Funktionsbereich Kommissionierung wäre eine Prozessreihenfolge von Fördern, Lagern und Erfassen. Durch die Verkettung dieser einzelnen Prozesse ist es damit möglich, die geforderte Gesamtfunktionalität des Intralogistiksystems zu erfüllen. Jeder Prozess wird hierbei durch eine Ressource ausgeführt. Nach DIN SPEC 1001 [15] sind Ressourcen dabei die Mittel, die zur Ausführung von einzelnen Vorgängen notwendig sind. Beispielsweise kann sowohl ein Gabelstapler als auch ein Förderband den Prozess Fördern bereitstellen.

Nicht nur die Auswahl der einzusetzenden Ressourcen, sondern auch die Organisationsform und die Strategie führen zu unterschiedlichen Ausprägungen des zu pla-

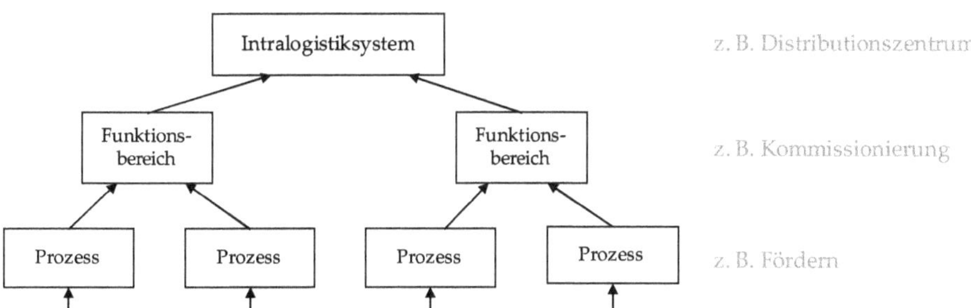

Abb. 2.3: Zugrundeliegende Struktur eines Intralogistiksystems.

nenden Intralogistiksystems. Die Organisationsform definiert unter anderem, welcher Funktionsbereich dem aktuell betrachteten vor- und nachgelagert ist oder welche Prozesse innerhalb eines Funktionsbereichs benötigt werden. Ein weiteres Unterscheidungsmerkmal bei den Ausprägungen sind verschiedene Strategien. Diese definieren beispielsweise die Auftragsbearbeitung, die Anzahl von Kommissionierbereichen, die Stufigkeit der Kommissionierung, die Art des Kommissionierbehälters usw. oder den nachgelagerten Funktionsbereich. All diese Parameter, die einen Funktionsbereich charakterisieren, werden mit dem sogenannten Systemtyp beschrieben. Dieser beinhaltet auch die ausgewählten Ressourcen. Auf der Basis der vorgestellten Struktur ist ein Assistenzsystem zur Unterstützung des Planers konzipiert worden.

2.4 Assistenzsystem zur Planung von Intralogistiksystemen

Um den Planer bei der Grobplanung zu unterstützen, generiert das entwickelte Assistenzsystem alle möglichen Systemvarianten, die den definierten Kundenanforderungen entsprechen, und bewertet diese. Der hierbei ablaufende Informationsfluss des Assistenzsystems ist dazu in Abbildung 2.4 dargestellt. Auf Grundlage von spezifizierten Anforderungen, die durch den Planer in das Assistenzsystem eingegeben werden, generiert das Assistenzsystem mögliche Alternativen, welche die an die Lösung gestellten Anforderungen erfüllen, und gibt diese dem Planer aus. Um den Planer bei der Auswahl zu unterstützen, werden die generierten Alternativen nach unterschiedlichen Kriterien evaluiert.

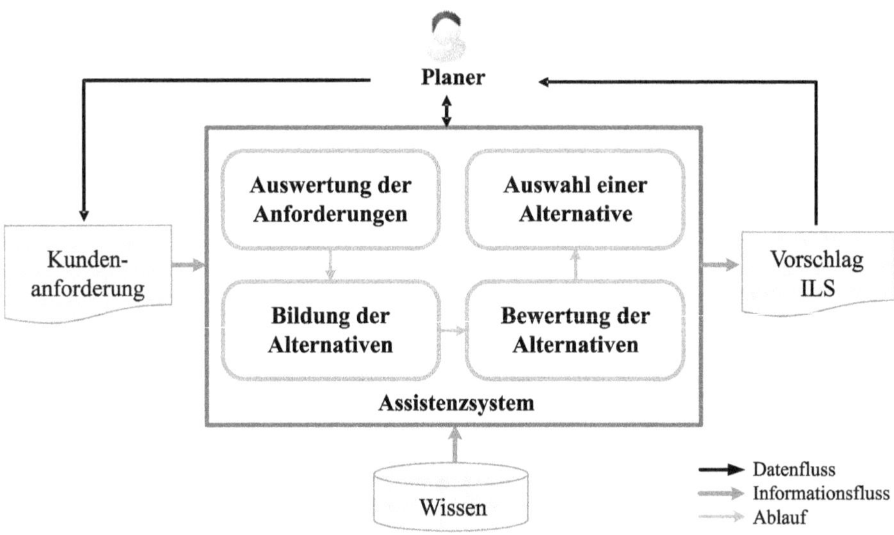

Abb. 2.4: Assistenzsystem zur Unterstützung der Grobplanung.

Der Ablauf gliedert sich wie dargestellt in vier Teilprozesse. Im ersten Teilprozess „Auswertung der Anforderungen“ werden die spezifizierten Anforderungen ausgewertet. Das Ergebnis dieses Teilprozesses sind Kennzahlen, aus denen sich Entscheidungen zur Struktur des zu planenden Intralogistiksystems ableiten lassen. Innerhalb dieses Teilprozesses werden die benötigten Funktionsbereiche ermittelt, mit deren Hilfe im nächsten Teilprozess „Bildung der Alternativen“ mögliche alternative Systemvarianten gebildet werden. Hierfür werden zunächst Prozessalternativen generiert, indem die benötigten Prozesse und deren Reihenfolge bestimmt werden. Zu den einzelnen Prozessalternativen werden Ressourcenvarianten ermittelt, indem den Prozessen Ressourcen zugeordnet werden. Hierbei muss die Kompatibilität der benachbarten Ressourcen beachtet werden, da nicht jede Ressource, die einen spezifischen Prozess ausführen kann, mit einer benachbarten Ressource betrieben werden kann. So kann beispielsweise keine Förderressource, die nur bis zu einer maximalen Höhe von 3 Metern einlagern kann, zusammen mit einer Lagerressource betrieben werden, deren Einlagerungshöhe über 3 Metern liegt.

Im nachfolgenden Teilprozess „Bewertung der Alternativen“ werden die Ressourcenvarianten nach spezifischen Kriterien bewertet. Dies können beispielsweise die Leistung oder die Betriebs- und Investitionskosten der Ressourcenvariante sein. Auf Basis dieser Bewertung werden im letzten Teilprozess „Auswahl einer Alternative“ die generierten Ressourcenvarianten in eine Reihenfolge gebracht, die der Gewichtung der Kriterien entspricht, und in Interaktion mit dem Planer eine ausgewählt.

Die Grundlage für die Generierung der Alternativen bildet eine Wissensbasis. Hier sind einerseits Informationen über die unterschiedlichen Ressourcen, andererseits Wissen in Form von Regeln zum Ablauf und der Verarbeitung der hinterlegten Informationen gespeichert.

2.4.1 Bildung der Alternativen

Die Bildung der möglichen Systemalternativen erfolgt durch eine regelbasierte Vernetzung von intelligenten Planungsobjekten (IPOs). Als Planungsgrundlage dient dabei eine Wissensbasis, die alle relevanten Ressourcen-, Organisationsformen- und Strategieinformationen beinhaltet. Als Ergebnis entsteht ein Lösungsraum (Variantennetz), der alle möglichen Alternativen beinhaltet. Während des Erstellungsprozesses werden dabei drei Phasen durchlaufen: Komposition, Konfiguration und Adaption. Um die Komplexität der Wissensbasis zu beherrschen und mehr Struktur in den Alternativenbildungsprozess zu bringen, gibt es übergeordnete IPOs.

2.4.1.1 Intelligente Planungsobjekte

Ausgehend von der modularen Struktur kann ein Intralogistiksystem als ein Zusammenschluss von unterschiedlichen Ressourcen aufgefasst werden (siehe Kapitel 3), der die Funktionalität erfüllt, die durch Anforderungen, spezifiziert durch den Planer, definiert werden. Bei diesem Zusammenschluss muss jede Ressource ausgewählt und integriert werden, indem diese an die benachbarten Ressourcen angepasst wird. Das System kann somit als ein Schwarm aus interagierenden Ressourcen aufgefasst werden, die sich immer wieder an ihre Umgebung anpassen müssen, bis eine Gesamtlösung gefunden wird. Hierfür werden Ressourcen als intelligente Planungsobjekte modelliert, die selbstständig entscheiden, ob sie die gestellten Anforderungen erfüllen, und zum Ziel haben, sich in das Gesamtsystem zu integrieren. Jedes intelligente Planungsobjekt erhält Anforderungen in Form von Inputdaten. Dies sind auf der einen Seite Anforderungen, die an das Gesamtsystem gestellt werden und durch den Planer definiert werden. In Abhängigkeit von diesen Inputdaten ermittelt das IPO, ob es diese erfüllen kann. Wenn dies der Fall ist, passt sich das IPO an diese an. Auf der anderen Seite generiert es hierbei Outputdaten, die wiederum als Inputdaten für andere IPOs dienen, die mit diesem verbunden sind. Dies bedeutet, dass ein IPO, das eine Lagerressource mit einer Einlagerungshöhe von 4 Metern darstellt, diese Informationen als Output erzeugt. Diese sind wiederrum eine Anforderung und somit ein Input von den benachbarten IPOs, die den entsprechenden Prozess des Förderns erfüllen können. Wenn diese gestellte Anforderung von Nachbar-IPOs nicht erfüllt werden kann, kann entweder mithilfe von Interaktion zwischen diesen IPOs eine neue Einlagerungshöhe für die Lagerressource definiert werden oder, für den Fall, dass die IPOs sich nicht zu einer Lösung integrieren können, ein anderes IPO, das diese Anforderung erfüllen kann, an die Stelle des inkompatiblen IPOs treten. IPOs ordnen sich folglich den Prozessen zu, die sie ausführen bzw. ausfüllen können. Durch diese Zuordnung und die Reihenfolge der Prozesse entsteht ein netzartiger Lösungsraum, welcher simplifiziert in Abbildung 2.5 dargestellt ist. Dieser Lösungsraum wird abhängig von den definierten Anforderungen von den IPOs auf Grundlage von Regeln gebildet. Jeder Pfad durch diesen Lösungsraum stellt folglich eine Variante des zu planenden Intralogistiksystems dar. Der Lösungsraum steigt also mit der Anzahl der Anforderungen und der IPOs stark an. Das Assistenzsystem spannt aus der Menge von Anforderungen den möglichen Lösungsraum auf und leitet daraus diejenigen interagierenden IPOs ab, die die wirtschaftlichste Systemalternative darstellen. Diese ist in Abbildung 2.5 durch einen Pfeil dargestellt und enthält die Ressourcen R_2, R_5 und R_7, die die Prozesse P_1, P_2 und P_3 ausführen.

Um den Planungsablauf stärker zu strukturieren und somit die Menge der benötigten Regeln zu reduzieren, werden zur Organisation und Koordination von den Ressourcen-IPOs weitere übergeordnete IPOs definiert. Hierzu eignen sich Bereichs-IPOs, die die Ressourcen in ihrem Funktionsbereich koordinieren und somit den Planungsablauf strukturieren. Daher erfolgt im vorgestellten Assistenzsystem eine Top-Down-Analyse, aber eine Bottom-up-Synthese bei der Systemplanung.

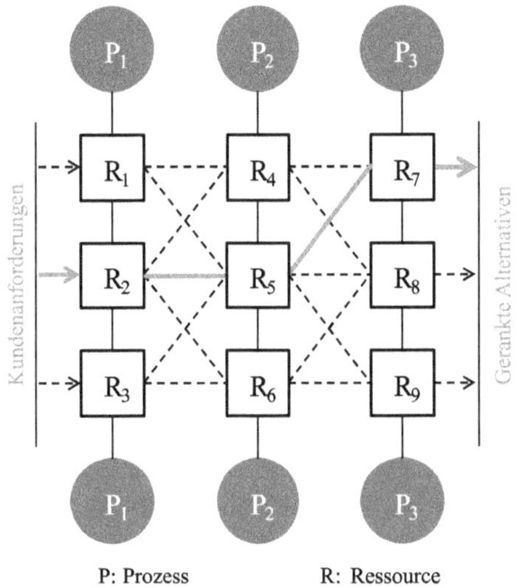

Abb. 2.5: Lösungsraum.

2.4.1.2 Planung auf Grundlage von IPOs

Basierend auf IPOs ist der Planungsprozess in drei aufeinander aufbauenden Prozessen „Komposition, Konfiguration und Adaption" und als regelbasierte Interaktionen zwischen IPOs modelliert.

Die Komposition erfolgt vom Groben ins Feine. Auf Grundlage der Anforderungen werden mögliche Prozessreihenfolgen innerhalb eines Funktionsbereichs identifiziert. Für jede Prozessreihenfolge erfolgt eine Zuordnung von Ressourcen. Hierbei wird mithilfe von Regeln überprüft, ob die Ressourcen die geforderten Anforderungen erfüllen, bevor die Kompatibilität der benachbarten Ressourcen geprüft wird, indem die Schnittstellen und die Eigenschaften der Ressourcen sowie deren Interaktionsmöglichkeiten verglichen werden. Die durch dieses Vorgehen generierten nichtdimensionierten Ressourcenalternativen innerhalb der verschiedenen Funktionsbereiche, bestehend aus einer Prozessreihenfolge und zugeordneten Ressourcen, legen Anforderungen an den jeweils vor- und nachgelagerten Funktionsbereich und dessen Prozessreihenfolge sowie die zugeordneten Ressourcen fest, wodurch die funktionsbereichsübergreifende Komposition erfolgen kann. Die in der Komposition generierten Ressourcenalternativen werden in der Konfiguration dimensioniert, um eine quantitative Einbindung dieser in den jeweiligen Prozess und darauf aufbauend eine Bewertung der Alternativen zu ermöglichen. Hierbei erfolgt die Dimensionierung auf Grundlage von ausgewerteten Anforderungen zum einen anhand nichtzeitgebundener Größen wie Abmessungen, Tragfähigkeiten, Gewichte usw. und zum anderen anhand zeitgebundener Größen wie Geschwindigkeit, Beschleunigung, Transportleistung etc. Dabei ist insbesondere bei der Dimensionierung anhand der zeitgebundenen Größen eine Abstimmung zwischen den Ressourcen durchzuführen, die gemeinsam den zu planenden Arbeitsprozess realisieren sollen. Innerhalb der Adaption wird eine Prüfung der Funktionsfähigkeit der dimensionierten Ressourcenalternativen bezüglich der Planungsdaten durchgeführt. Ungeeignete Ressourcenalternativen und alle damit verbundenen Systemlösungen werden hierbei für die weitere Betrachtung ausgeschlossen.

2.5 Wissensmodellierung

Zur einheitlichen Modellierung der Ressourcen sind die ressourcenspezifischen Merkmale in einer Ressourcendatenbank bzw. in einem Ressourcenkatalog beschrieben, wobei für die unterschiedlichen Prozesse eines Intralogistiksystems jeweils ein Ressourcenkatalog mit den für diesen Prozess benötigten Merkmalen existiert. Die Ressourcen, die den jeweiligen Prozess ausführen können, werden folglich in dem entsprechenden Ressourcenkatalog klassifiziert. Um mit einer reduzierten Regelmenge auf Merkmale zugreifen zu können, sind die Merkmale nach verschiedenen Kategorien klassifiziert. Diese sind in Tabelle 2.1 dargestellt und untergliedern sich in folgende Kategorien: Verbindung zum Flussobjekt, spezifische Parameter, spezifische Dimensionierungsformeln und Schnittstellen. Ob eine Ressource Paletten handhaben kann, ist beispielsweise ein Merkmal für die erste Kategorie. Die Geschwindigkeit, mit der sich eine Förderressource bewegen kann, die Kapazität oder der maximale Stapelfaktor sind dagegen Beispiele für spezifische Parameter. In der Kategorie der spezifischen Dimensionierungsformeln sind schlussendlich Berechnungsformeln für beispielsweise den Arbeitsbereich enthalten. Diese Kategorien existieren bei allen Prozessen, allerdings können sich die Merkmale in den Katalogen je nach Prozess unterscheiden. Beispielsweise ist eine benötigte Schnittstelle des Prozesses Fördern, welche Gangbreite mindestens benötigt wird.

Um insbesondere manuelle Tätigkeiten wie Wegzeiten bei der Berechnung der Dimensionierung abbilden zu können, werden Methods Time Measurement (MTM) genutzt und mit entsprechenden SOLL-Zeitwerten hinterlegt. Zur Berechnung von Wegstrecken bzw. -zeiten in der Kommissionierung werden die bekannten Berechnungsformeln nach [10, 16] und [17] integriert.

Neben der einheitlichen Beschreibung der Ressourcen muss auch das Wissen zum Vorgehen der Planung modelliert werden. Dieses ist in Form von Regeln definiert. Um die Regelmenge zu strukturieren und somit handhabbarer zu gestalten, sind diese ebenfalls in Kategorien unterteilt. Einerseits sind dies Aufteilungen in Regelkategori-

Tab. 2.1: Aufbau der Ressourcenkataloge.

Ressourcen	Verbindung zum Flussobjekt	Spezifische Parameter	Spezifische Dimensionierungsformeln	Schnittstellen
Ressource 1				
Ressource n				

en wie dem zugehörigen Planungsschritt, beispielsweise Komposition, Konfiguration und Adaption. Andererseits werden die Regeln aber auch nach den zugeordneten IPOs wie Ressourcen oder Funktionsbereichen strukturiert, die von der jeweiligen Regel betroffen sind. Durch die hierarchisch gestalteten Merkmale ist es möglich, statt jedes Merkmal explizit in einer Regel zu berücksichtigen, Regeln für die Verarbeitung der einzelnen Merkmale anhand der Kategorien zu formulieren. Ein Regelbeispiel für die Kompositionsphase ist, dass wenn die geforderten Schnittstellen bei der Nachbarressource vorhanden sind, die geprüfte Ressource im Sinne der Komposition kompatibel ist.

Des Weiteren gibt es Wissenskataloge, die als Bewertungsgrundlage für die unterschiedlichen Alternativen dienen. Je Bewertungskriterium existiert ein Katalog, der die zur Bestimmung dieses Kriteriums benötigten Berechnungsformeln enthält.

Die Gesamtheit des beschriebenen Wissens dient als Wissensgrundlage für ein Agentensystem, mithilfe dessen das Assistenzsystem umgesetzt wird. Jedem Agenten werden dabei seine benötigten Wissensgrundlagen zur Verfügung gestellt, sodass er diese entsprechend bei der Lösungsgenerierung berücksichtigen kann.

2.6 Umsetzung mithilfe von Softwareagenten

An die Umsetzung der IPOs stellen sich folgende Anforderungen. Es werden gekoppelte Entitäten benötigt, die autonom Entscheidungen treffen können. Des Weiteren müssen diese sich flexibel an veränderte Anforderungen (Planungsvorgaben und Schnittstellen) anpassen können sowie zur Kommunikation und Koordination fähig sein, damit sich die einzelnen Entitäten zu einem Gesamtsystem integrieren können. Die geforderten Anforderungen werden von Agenten durch ihre Eigenschaften der Zielorientierung, Autonomie und Interaktionsfähigkeit erfüllt [18]. Aus diesem Grund werden die beschriebenen IPOs jeweils von einem Agententypen repräsentiert.

Das Agentensystem für die Planung von Distributionszentren mit den darin enthaltenen Agententypen und deren Aufgaben ist in Abbildung 2.6 dargestellt. Der Systemagent stellt die höchste Ebene der hierarchischen Agentenstruktur da und verwaltet die GUI und führt den Teilprozess „Anforderungen auswerten" aus. Hierfür berechnet er anhand von hinterlegten Formeln benötigte Kennzahlen in Abhängigkeit von den durch den Planer spezifizierten Anforderungen und bestimmt die benötigten Funktionsbereiche. Für jeden Funktionsbereich wird durch den Systemagenten ein Bereichsagent initialisiert. Des Weiteren führt der Systemagent den Teilprozess „Alternative auswählen" aus, indem er die nach dem Bewertungsprozess evaluierten Planungsergebnisse nach deren Bewertung sortiert und über die GUI an den Planer ausgibt. In Kooperation mit dem Planer wird eine Variante ausgewählt, die in der anschließenden Feinplanung detailliert ausgeplant werden soll.

Ein Bereichsagent repräsentiert das IPO eines Funktionsbereichs und ist an dem Teilprozess „Bildung der Alternativen" beteiligt. Mithilfe seines hinterlegten Wissens

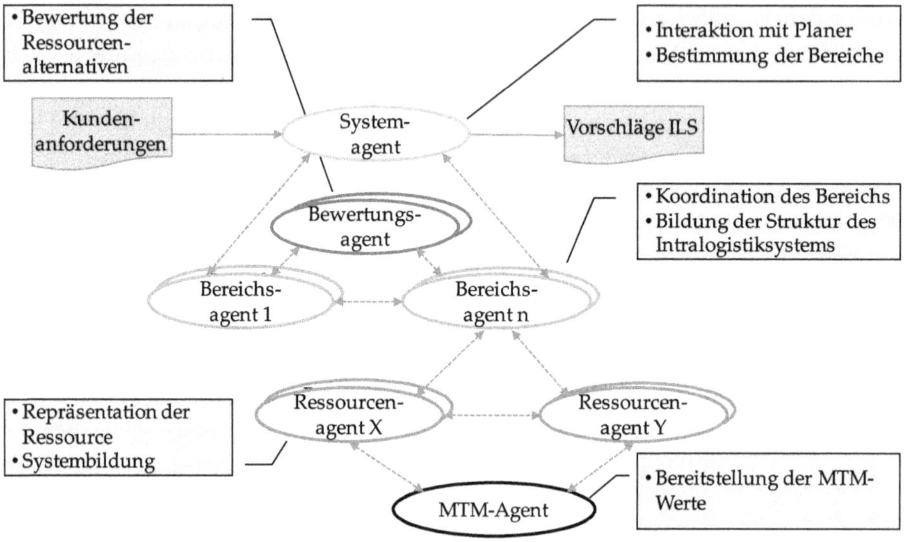

Abb. 2.6: Agentensystem und die Aufgaben zur Planung von Distributionszentren.

über mögliche Strategie- und Organisationsformen für seinen Funktionsbereich, erzeugt er für einzelne Strategie und Organisationsformen eine weitere Instanz, die für die Ausgestaltung des Funktionsbereichs verantwortlich ist. Hierfür bestimmt er basierend auf seiner Wissensbasis und seinen hinterlegten Regeln die Prozessreihenfolge innerhalb seines Funktionsbereichs. Abhängig von der festgelegten Prozessreihenfolge werden durch ihn Ressourcenagenten initialisiert und koordiniert.

Ein Ressourcenagent repräsentiert eine intralogistische Ressource und ist für die Systembildung innerhalb des Teilprozesses „Bildung der Alternativen“ mit verantwortlich. Hierfür hat er das Modell seiner Ressource hinterlegt, das im Ressourcenkatalog beschrieben ist.

Darüber hinaus gibt es noch Bewertungsagenten, die nicht direkt an der Lösungsfindung beteiligt sind, die aber die unterschiedlichen Ressourcenalternativen nach spezifischen Kriterien bewerten, und MTM-Agenten, die die Zeitwerte für manuelle Tätigkeiten für die Konfiguration zur Verfügung stellen.

2.6.1 Komposition

Die drei Planungsphasen Komposition, Konfiguration und Adaption werden durch die vorher beschriebenen Agententypen abgebildet. In der Komposition erzeugen die Bereichsagenten wie bereits in Abschnitt 2.6 beschrieben die Prozessreihenfolge und initialisieren die benötigten Ressourcenagenten. Darüber hinaus bestimmen die Bereichsagenten ihre möglichen vor- und nachgelagerten Funktionsbereiche, indem sie

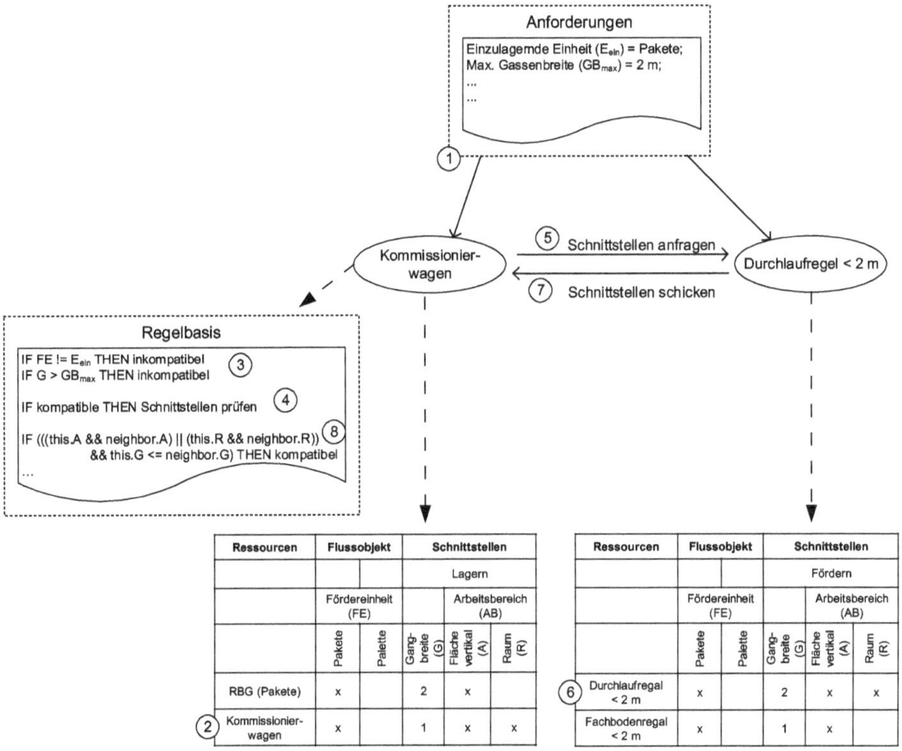

Abb. 2.7: Vereinfachter Ablauf der Ressourcenagenten in der Planungsphase Komposition.

basierend auf ihrer hinterlegten Strategie- und Organisationsform Anforderungen an die benachbarten Funktionsbereiche definieren und entsprechende Anfragen an andere Bereichsagenten senden. Bei Erhalt einer solchen Anfrage wird überprüft, ob die Funktionsbereiche die gestellten Anforderungen erfüllen können und somit mit den entsprechenden Strategie- und Organisationsformen kompatibel sind. So kann beispielsweise der Funktionsbereich „Einheitenlager“ sowohl den Funktionsbereich „Beschickung“ als auch den Funktionsbereich „Kommissionierung“ mit der Organisationsform „Bereitstellung im Einheitenlager“ als nachgelagerter Funktionsbereich bedienen, wodurch sich Strukturalternativen ergeben.

Ein stark vereinfachter, schematischer Ablauf der Komposition der Ressourcenagenten ist in Abbildung 2.7 dargestellt. Die Ressourcenagenten erhalten folglich zu Beginn ihre Ressourcen und ihre benachbarten Ressourcenagenten sowie die Anforderungen an die von ihnen vertretenen Ressourcen (Schritt 1 in Abbildung 2.7). Jeder Ressourcenagent überprüft mithilfe des intralogistischen Modells der von ihm vertretenen Ressource (2), ob er die vom Planer gestellten Anforderungen erfüllen kann. Hierfür werden die Eigenschaften der Kategorie Verbindung zum Flussobjekt und die spezifischen Parameter benötigt. Der Ressourcenagent vergleicht diese über einfache mathematische Operatoren. Das Wissen, wie die Anforderungen verglichen werden müssen, ist in Form von Regeln hinterlegt (3). Wenn er alle Anforderungen erfüllen kann, beginnt er, seine Kompatibilität mit seinen potenziellen Nachbar-IPOs zu prüfen (4). Hierfür fragt der Ressourcenagent abhängig von der Nachbarfunktion die Schnittstellen an (5). Der angefragte Ressourcenagent, im Beispiel das Durchlaufregal, lädt seine Schnittstellen (6) und schickt diese zurück (7). Der Ressourcenagent, im Beispiel der Kommissionierwagen, kann nun die empfangenen Schnittstellen mit seinen eigenen definierten Regeln vergleichen (8). Wenn diese nicht übereinstimmen, löschen die beiden beteiligten Ressourcenagenten den jeweils anderen als möglichen Nachbarn. Durch diese Vorgehensweise ist es möglich, dass der Ressourcenkatalog vom Planer vor dem Planungsvorgang beliebig modifiziert werden kann, indem er Ressourcen nach der vorgegebenen Formalisierung hinzufügt bzw. entfernt sowie beispielsweise Merkmale in der Kategorie Schnittstellen ergänzt. Dies ist durch die hierarchische Struktur der Merkmale und der entsprechend formulierten Regeln, die sich nicht auf einzelne Merkmale, sondern Kategorien beziehen, möglich.

2.6.2 Konfiguration

Als Ergebnis der Komposition liegen die möglichen Ressourcenkombinationen für die Strukturalternativen vor, die in der nächsten Phase der Konfiguration entsprechend den Anforderungen dimensioniert werden müssen. Für diesen Vorgang werden die spezifischen Dimensionierungsformeln und die spezifischen Parameter aus dem intralogistischen Modell der Ressource benötigt. Jeder Ressourcenagent versucht während der Dimensionierung die benötigten Parameter mithilfe der hinterlegten Formeln zu berechnen. Je nach Umgebung des Ressourcenagenten in Form von Nachbarressourcen etc. wird die von ihm vertretene Ressource anders dimensioniert. Des Weiteren existieren auch neben den unterschiedlichen Ressourcenkombinationen zahlreiche Abhängigkeiten wie beispielsweise die Strategie, die berücksichtigt werden müssen. Um diese zu bestimmen, extrahieren die Ressourcenagenten die Parameter aus den zu berechnenden Formeln, die ihnen nicht bekannt sind. Alle Parameter, die mithilfe der Formeln direkt bestimmt werden können, da alle benötigten Parameter, von denen die Formel abhängig ist, bekannt sind, werden direkt bestimmt. Die unbekannten Parameter werden mithilfe von einem Suffix an deren Namen in zwei Kategorien unterteilt. Wenn an den Parameter „mtm" angefügt ist, kann der Ressourcenagent diese Parameter beim für seinen Funktionsbereich zuständigen MTM-Agenten erfragen. Da die MTM-Werte aber nicht nur von der Ressource selbst, sondern auch vom Systemtyp des Funktionsbereichs abhängen, werden hier die unterschiedlichen Möglichkeiten an den MTM-Agenten zusammen mit den benötigten Parametern geschickt. Die zweite Kategorie sind Parameter von anderen Ressourcen. Dies können einerseits spezifische Parameter von benachbarten Ressourcen innerhalb desselben Funktionsbereichs, andererseits durch diese benachbarten Ressourcenagenten bestimmbare Parameter sein, die bei benachbarten Ressourcenagenten angefragt werden können. Eine weitere Möglichkeit ist, dass Parameter aus einem anderen Funktionsbereich benötigt werden. Hierfür wird eine Anfrage an den eigenen Bereichsagenten gestellt, der diese Anfrage entsprechend weiterleitet. Im Gegensatz zur Komposition kann die Konfiguration nicht komplett unabhängig für jeden Funktionsbereich erfolgen, da bei der Konfiguration funktionsbereichsübergreifende Abhängigkeiten existieren, die über Parameter abgebildet werden.

Nach Abschluss der Konfiguration erfolgt noch separat für jeden Funktionsbereich die Bewertung der dimensionierten Ressourcenalternativen mithilfe der Bewertungsagenten. Hierfür übermitteln die Bereichsagenten die Ressourcenalternativen für ihre Funktionsbereiche an die jeweiligen Bewertungsagenten. Da jeder Bewertungsagent ein Bewertungskriterium ermittelt, können mit geringem Aufwand weitere Kriterien in das Assistenzsystem integriert werden. Abschließend werden alle gültigen Gesamtlösungen überprüft und, falls Anpassungsbedarf festgestellt wird, erneut im Rahmen der dritten Phase, der Adaption, dimensioniert.

2.7 Realisierung des Prototyps

Der Prototyp zur Planung von Distributionszentren für Paletten und Pakete ist mithilfe des Agentenframeworks JADE [19] in Java implementiert. Für diesen sind die oben beschriebenen neun Prozesse mit bis zu 15 Ressourcen in den Ressourcenkatalogen modelliert. Er umfasst die Funktionsbereiche Einheitenlager und Kommissionierung.

Für die Verwaltung des Wissens steht ein für das Assistenzsystem entwickelter Editor zur Verfügung. Dieser unterstützt den Planer bei der Verwaltung der Ressourcen, indem er beispielsweise beim Einpflegen von weiteren Merkmalen überprüft, ob die ausgewählten Namen bereits existieren. Des Weiteren erzeugt der Editor aus den Ressourcenkatalogen XML(Extensible Markup Language)-Files, die als Grundlage für die lokalen Wissensbasen von den Agenten dienen. Neben den Ressourcen wird auch das darüber hinaus benötigte Wissen, wie das Bewertungswissen, in diesem verwaltet und in das Format XML transformiert.

2.8 Vereinfachtes Anwendungsbeispiel

Der in den vorherigen Abschnitten abstrakt beschriebene Ablauf soll mithilfe eines stark vereinfachten beispielhaften Anwendungsfalls verdeutlicht werden. Um diesen Anwendungsfall übersichtlich zu gestalten, sind manche Parameter, die im Laufe der Planung ermittelt werden, als bekannte Parameter angenommen und nicht gesondert gekennzeichnet im Wissen hinterlegt. Als weitere Vereinfachung wird angenommen, dass es nur eine Organisationsform und eine Strategie für die Kommissionierung gibt.

Tab. 2.2: Ressourcenkatalog des Prozesses Lagern.

Lagern	Verbindung zum Flussobjekt		Spezifische Parameter	Spezifische Dimensionierungsformeln			Schnittstellen	
	Pakete	**Paletten**		**Anzahl Plätze zur Bereitstellung (ABE)**	**Kommissionier-ebene (KMEB)**	**Gesamtlänge aller Gassen (kalkuliert)**	**Fläche vertikal**	**Max. Gangbreite**
Paletten-regal		x		AUFRUNDEN (Anzahlartikel · 1,15)	WENN(KMHför>=3, AUFRUNDEN (KMHför)/(1,6),1)	ABE/(2 · KMEB) · 0.95	x	3
Schmal-gangregal		x		AUFRUNDEN (Anzahlartikel · 1,15)	WENN(KMHför>=3, AUFRUNDEN (KMHför)/(1,6),1)	ABE/(2 · KMEB) · 0.95	x	2

Tab. 2.3: Ressourcenkatalog des Prozesses Fördern.

Fördern	Verbindung zum Flussobjekt		Spezifische Parameter	Spezifische Dimensionierungsformeln		Schnittstellen	
	Pakete	**Paletten**	**Kommissionierhöhe (KMHför)**	**Positionsrüstzeit**	**Hubzeit**	**Fläche vertikal**	**Gangbreite**
Vertikalkommissionierer		x	12	Positionsrüstzeitmtm	KMEB · 8,26	x	3
Schmalgangstapler		x	15	Positionsrüstzeitmtm	KMEB · 8,26	x	2

Die dem Assistenzsystem zur Verfügung stehenden Ressourcenkataloge sind in Tabelle 2.2 und 2.3 dargestellt. Für den Prozess Lagern existieren zwei Lagerressourcen: das Paletten- und das Schmalgangregal. Zusätzlich existieren zwei Förderressourcen: der Vertikalkommissionierer und der Schmalgangstapler. Die jeweilige Zeile der Ressource stellt das lokale Wissen des diese Ressource vertretenen Ressourcenagenten dar.

Tab. 2.4: Lokales Wissen des Bereichsagenten „Kommissionierung“.

Prozessreihenfolge	Stufigkeit	Vorgelagerter FB	Input	Kommissionier-IT
Fördern, Lagern, Erfassen	1-stufig	Beschickung	Palette	Mobiles Datengerät

Als lokales Wissen, das dem Bereichsagent „Kommissionierung“ hinterlegt ist, ist in Tabelle 2.4 dargestellt. Des Weiteren existiert ein Bereichsagent „Beschickung“, dessen Output Paletten sind.

Die Kundenanforderungen in dem Beispiel sind:
- Art der zu lagernden Einheiten = Paletten
- Art der zu versendenden Einheiten = Paletten
- Absolute Anzahl der Artikel = 275 Stück

Die Bereichsagenten beginnen abhängig von diesen Kundenanforderungen die Komposition ihrer Funktionsbereiche. Dies soll am Beispiel der Kommissionierung gezeigt werden. Weil bei der hinterlegten Organisationsform des Bereichsagenten Paletten kommissioniert werden können, bestimmt er die benötigte Prozessreihenfolge. Da sowohl der Input als auch der Output Paletten sein soll, kann die Prozessreihenfolge ohne eine Anpassung verwendet werden. Deshalb initialisiert der Bereichsagent entsprechend die benötigten Ressourcenagenten für jeden Prozess. Dies sind je zwei Ressourcenagenten für Fördern und Lagern. Nach der Initialisierung bestimmt der Bereichsagent seine möglichen benachbarten Funktionsbereiche. Aufgrund des benötigten vorgelagerten Funktionsbereichs (FB) „Beschickung“ (siehe Tabelle 2.4) sendet er eine Anfrage an alle Bereichsagenten, die einen Funktionsbereich „Beschickung“ koordinieren. Die benötigten Agenten ermittelt er mithilfe der Gelben Seiten, eine Art Telefonbuch, des Agentensystems. Da der Output der Beschickung identisch zum Input der Kommissionierung sein muss, werden diese Eigenschaften verglichen. Hierfür übermittelt der Bereichsagent „Kommissionierung“ seinen benötigten Output an den Bereichsagenten „Beschickung“. Der die Nachricht empfangende Bereichsagent prüft die Kompatibilität und antwortet mit einer Zusage, da die Bereiche kompatibel sind.

Da die Komposition der Ressourcenagenten in 6.3 schon ausführlich beschrieben ist, wird hier nur kurz darauf eingegangen. Da alle Ressourcen Paletten handhaben können, sind diese zu den Kundenanforderungen kompatibel. Das Resultat der Schnittstellenprüfung ist, dass das Palettenregal mit dem Vertikalkommissionierer und dem Schmalgangstapler kompatibel ist. Aufgrund der maximalen Gangbreite ist das Schmalgangregal nur mit dem Schmalgangstapler kompatibel.

Sobald ein Ressourcenagent einen kompatiblen Nachbarn gefunden hat, startet er in Abhängigkeit von diesem die Konfiguration. Hierfür werden die Dimensionierungsformeln schrittweise berechnet. Der Ressourcenagent „Schmalgangstapler“ be-

rechnet folglich die Positionsrüstzeit und die Hubzeit, indem er die benötigten Parameter aus seinen Formeln extrahiert. Dies sind:
- Positionsrüstzeitmtm
- KMEB

Die beiden identifizierten Parameter werden mithilfe des Suffixes „mtm" nach MTM-Parametern durchsucht, sodass sich zwei Mengen ergeben:
- Positionsrüstzeit wird bei MTM-Agent angefragt
- KMEB wird beim Nachbar-Ressourcenagent angefragt

Da die Parameter von der jeweiligen Nachbarressource abhängen, müssen die Parameter für jede Kombination ermittelt werden. Hierfür wird an jeden kompatiblen Nachbar eine Anfrage mit den benötigten Parametern geschickt. Bei Anfragen beim MTM-Agenten wird dementsprechend die Nachbarressource übermittelt. Zusätzlich werden weitere Informationen des Systemtyps wie die Organisationsform, die Stufigkeit und die Kommissionier-IT benötigt (siehe Tabelle 2.4). Beim Eingang einer Parameteranfrage ermittelt der MTM-Agent diese mithilfe einer hinterlegten Tabelle und schickt die Werte der Parameter zurück:
- Positionsrüstzeit (Palettenregal) = 6,66 s
- Positionsrüstzeit (Schmalgangregal) = 6,66 s

Die Ressourcenagenten, in diesem Beispiel „Palettenregal" und „Schmalgangregal", überprüfen beim Eingang einer Parameteranfrage, ob bei ihnen im intralogistischen Modell der Ressource der Wert der Parameter hinterlegt ist. Dies ist der Fall, wenn es sich um einen spezifischen Parameter handelt oder die Formel zur Berechnung des Wertes bekannt ist. In diesem Fall können diese den angefragten Parameter KMEB mithilfe der hinterlegten Formel bestimmen. Sobald die Werte der angefragten Parameter bestimmt sind, antwortet der entsprechende Ressourcenagent mit den entsprechenden Werten. Sollten allerdings dem Ressourcenagenten die Parameter unbekannt sein, informiert er den anfragenden Ressourcenagenten. Der Ressourcenagent „Schmalgangstapler" wartet nach dem Versenden seiner Anfragen auf mögliche Antworten oder Anfragen von anderen Ressourcenagenten. Mit dem Erhalt der Antwort vom MTM-Agent kann er die Positionsrüstzeit in Abhängigkeit von seinen Nachbarn bestimmen. Anschließend wartet er auf weitere Nachrichten.

Die anderen Ressourcenagenten, „Palettenregal" und „Schmalgangregal", die die Komposition abgeschlossen haben, bestimmen parallel zum Ressourcenagenten „Schmalgangstapler" die benötigten Parameter. Dies sind in ihren hinterlegten Formeln die Parameter:
- Anzahlartikel
- KMHför
- ABE
- KMEB

Der Parameter Anzahlartikel ist den Ressourcenagenten durch die Kundenanforderungen bekannt. Folglich kann die Anzahl Plätze zur Bereitstellung direkt berechnet werden.

$$\text{ABE} = \text{AUFRUNDEN}(\text{Anzahlartikel} \cdot 1{,}15) = 317$$

Da KMHför weder bekannt ist noch das Suffix „mtm“ hat, wird eine Parameteranfrage an die Nachbarressourcenagenten, „Schmalgangstapler“ und „Vertikalkommissionierer“ geschickt. ABE ist bereits berechnet worden und für KMEB ist die Formel zur Berechnung in der Wissensbasis enthalten. Um die Berechnung fortzusetzten, wird auf die Antwort der angefragten Ressourcenagenten oder eine Anfrage von diesen gewartet. Die Beantwortung der Anfrage durch den Ressourcenagenten „Schmalgangstapler“ und „Vertikalkommissionierer“ erfolgt analog zu dem oben beschriebenen Vorgehen. Da dieser Parameter ein spezifischer Parameter ist, können beide Förderressourcen im Fall des anfragenden Ressourcenagenten „Palettenregal“ direkt mit dem Wert (12 m bzw. 15 m) antworten. Sobald der Ressourcenagent „Palettenregal“ eine Antwort erhält, setzt er seine Dimensionierung durch Berechnung der Parameter fort.

$$\text{KMEB} = \text{WENN KMHför} \geq 3 \text{ DANN AUFRUNDEN}\left(\frac{\text{KMHför}}{1{,}6}\right) \text{SONST } 1$$

$$\text{KMEB (Vertiaklkommissionierer)} = 8$$

$$\text{KMEB (Schmalgangstapler)} = 10$$

$$\text{Gesamtlänge aller Gassen} = \frac{\text{ABE}}{2 \cdot \text{KMEB}} \cdot 0.95$$

$$\text{Gesamtlänge aller Gassen (Vertikalkommissionierer)} = 18{,}82$$

$$\text{Gesamtlänge aller Gassen (Schmalgangstapler)} = 15{,}06$$

Da der Wert von KMEB nun bekannt ist, wird die entsprechende Anfrage des Ressourcenagenten „Schmalgangstapler“ mit dem Wert 10 beantwortet und der Ressourcenagent „Schmalgangstapler“ kann die Hubzeit berechnen.

$$\text{Hubzeit} = \text{KMEB} \cdot 8{,}26$$

$$\text{Hubzeit (Palettenregal)} = 82{,}6$$

Die anderen Ressourcenagenten berechnen analog zu diesem Vorgehen ihre Parameter. Sobald eine Ressource ihre Dimensionierung abgeschlossen hat, übermittelt diese ihre Ergebnisse an den zuständigen Bereichsagenten („Kommissionierung“).

Der gesamte Ablauf der zuvor beschriebenen Kommunikation ist in Abbildung 2.8 dargestellt. Aus Gründen der Übersichtlichkeit werden lediglich zwei Ressourcenagenten dargestellt. Die Kommunikation der hier nicht dargestellten Ressourcenagenten erfolgt ihren Aufgaben entsprechend identisch.

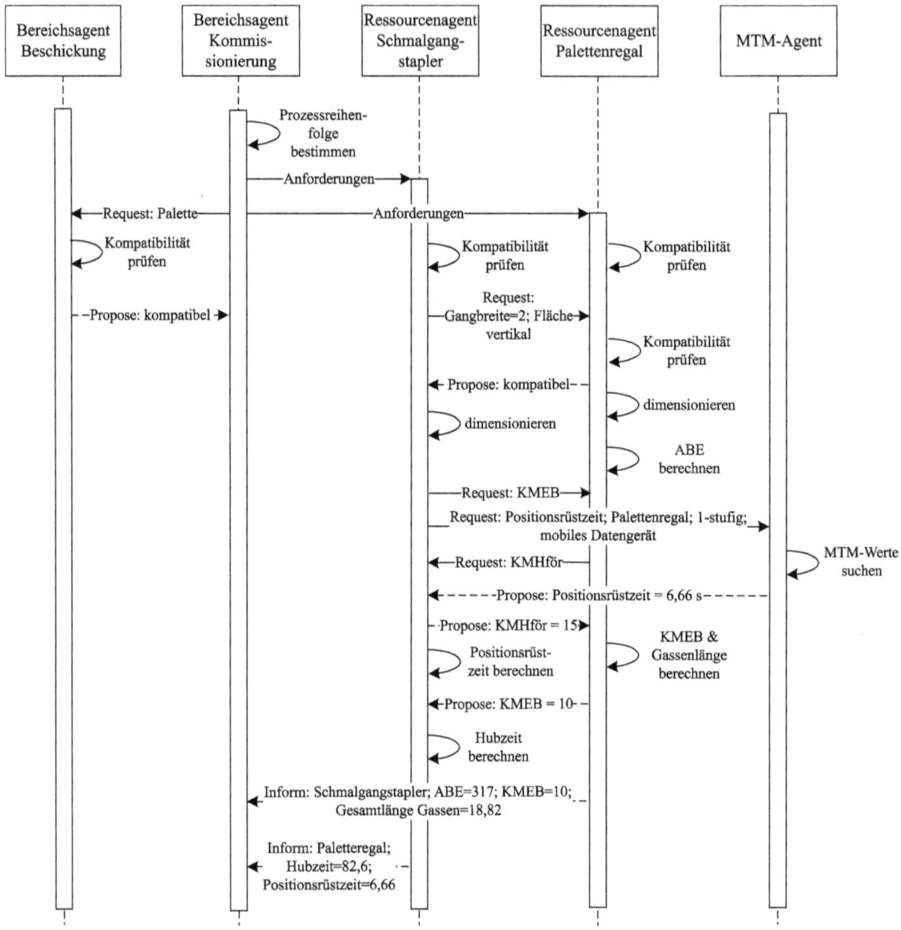

Abb. 2.8: Kommunikation der Agenten im Anwendungsbeispiel.

2.9 Fazit und Ausblick

Die Planung von Intralogistiksystemen ist ein intransparenter, zeitintensiver und erfahrungsbasierter Prozess, der nicht mehr den sich aufgrund des steigenden Wettbewerbs wandelnden Anforderungen gerecht wird. Aus diesem Grund wird in diesem Beitrag ein neues Konzept vorgestellt, mit dem auf Basis von intelligenten Planungsobjekten und einem regelbasierten Vorgehen ein Überblick über mögliche Planungsalternativen gegeben werden soll. Aufgrund der regelbasierten Planung steigt die Transparenz der Planung. Mithilfe der eingesetzten Agenten können die intelligenten Planungsobjekte modelliert und umgesetzt werden. Diese können flexibel mögliche Alternativen generieren.

Durch die Flexibilität des Agentensystems kann das konzipierte Assistenzsystem in der Hinsicht erweitert werden, dass dieses eine Umplanung der bereits bestehenden Anlagen vornehmen kann. Dies gewinnt aufgrund von dynamischen Märkten zunehmend an Bedeutung. Des Weiteren wäre ein dynamischerer Planungsablauf mit weniger übergeordneten Agenten möglich, wenn entsprechend eine Wissensbasis konzipiert und angelegt wird.

2.10 Danksagung

Die Autoren bedanken sich bei der Deutschen Forschungsgemeinschaft (DFG) für die Finanzierung des hier vorgestellten Forschungsprojekts DEPIAS (WE 2187/27-1, GO 810/32-1).

Literatur

[1] Arnold D. (Hrsg.) 2006. Intralogistik: Potentiale, Perspektiven, Prognosen. VDI-Springer Verlag, Berlin.
[2] Baker P. and Canessa M. 2009. Warehouse Design – A structured approach. In: European Journal of Operational Research, 2: 425–436.
[3] Jobi B. S. 2013. Entwicklung einer rechnergestützten Systematik zur funktionsbereichsübergreifenden Planung von Distributionszentren durch Einsatz der Graphentheorie. Dissertation, Universität Stuttgart, Stuttgart.
[4] Wehking K.-H. 2012. PlnLog II: Entwicklung einer Planungsplattform für intralogistische Systeme – Phase II vom MWK Baden-Württemberg in Kooperation mit dem Intralogistiknetzwerk in Baden-Württemberg e. V. geförderten Vorhaben 32-729.85/ 282, Stuttgart.
[5] Wunderle A., and Sommer T. 2014. Erfahrung und Augenmaß zählen: Planung von Intralogistiksystemen. In: Hebezeuge Fördermittel, 54: 428–430.
[6] Gabbert P. and Brown D. 1998. Knowledge-Based Computer-Aided Design of Materials Handling Systems. In: IEEE Transactions on Systems, Man and Cybernetics, 19:188–196
[7] Marrenbach D. and Wehking K.-H. 2011. Autopoetic material handling systems. In: Proceedings of the 16th Annual International Conference on Industrial Engineering Theory, Applications and Practice.
[8] Apple J. M. 1977. Material Handling Systems Design. John Wiley & Sons, New York.
[9] Jünemann R. 1989. Materialfluß und Logistik. Springer, Berlin.
[10] Gudehus T. 2010. Logistik. Springer, Heidelberg.
[11] Ellinger M. 2015. Beitrag zur agentenbasierten Konzeptplanung von Kommissioniersystemen. Dissertation, Technische Universität Dortmund, Dortmund.
[12] Kugler W. and Gehlich D. 2013. Einsatz von Agentensystemen in der Intralogistik. In: (Göhner P. Hrsg.) Agentensysteme in der Automatisierungstechnik. Berlin, Heidelberg: Springer Berlin Heidelberg: 113–128.
[13] Aldewereld H., Dignum F. and Hiel M. 2012. Decentralised Warehouse Control through Agent Organisations. In Automation in Warehouse Development, Springer London, London: 33–44.
[14] DIN EN 14943 2006. Transportdienstleistungen – Logistik – Glossar. Beuth, Berlin.

[15] DIN SPEC 1001 2010. Lager- und Transportlogistik – Standardisierte Leistungsdefinition und -bewertung in der Angebotsphase. Beuth, Berlin.
[16] Schulte C. 2008. Logistik – Wege zur Optimierung der Supply Chain. 5. Auflage. Vahlen, München.
[17] ten Hompel M., Sadowsky V. and Beck M. 2011. Kommissionierung: Materialflusssysteme 2 – Planung und Berechnung der Kommissionierung in der Logistik. Springer, Heidelberg.
[18] Weiß G. and Jakob R. 2005. Agentenorientierte Softwareentwicklung. Springer, Heidelberg.
[19] Bellifemine F., Caire G.and Greenwood D. 2007. developing multi-agent systems with JADE. Wiley, Chichester.

Max Hoffmann, Tobias Meisen und Sabina Jeschke

3 Agent OPC UA

Ein skalierbarer Ansatz zur semantischen Integration von Multiagentensystemen in den IT-Verbund automatisierungstechnischer Anlagen

Zusammenfassung: Dieses Kapitel umfasst die Beschreibung eines Technologie-Stacks, der zum Ziel hat, intelligente Entitäten einer Produktion in Form von Ressourcen und Produkten mit fortgeschrittenen, semantischen Schnittstellenstandards in Einklang zu bringen. Die Realisation dieses Vorhabens geschieht durch eine Modellierung und informationstechnische Verknüpfung von Multiagentensystemen auf Basis des nach IEC 62541 genormten OPC Unified Architecture Standards. Durch Verknüpfung dieser beiden Technologien gelingt die Etablierung moderner, flexibler und interoperabler Ansätze der Produktionssteuerung bei gleichzeitiger Einhaltung semantischer Integrität sowie essentieller Sicherheitsstandards. Durch die vorgestellte Modellrepräsentation intelligenter Softwareagenten im produktiven Umfeld wird es möglich, Cyber-Physische Systeme mit Produkten und Produktionssystemen innerhalb gewachsener Kommunikations- und Informationsinfrastrukturen zu integrieren.

3.1 Einleitung und Motivation

Im Zuge der Bestrebungen nach einer Industrie 4.0 stehen insbesondere Forderungen zur intelligenten Nutzung von verfügbaren Ressourcen im Fokus der Betrachtung. Im Rahmen der industriellen Produktion sind diese Ressourcen durch verfügbare Fertigungsentitäten wie Maschinen und Anlagen, sowie ebenfalls menschliche Arbeitsleistung, charakterisiert. Die maschinelle Komponente ist im Rahmen heutiger Produktionsanlagen durch einen hohen Automatisierungsgrad gekennzeichnet, während dem menschlichen Part nahezu die alleinige Entscheidungsgewalt in Bezug auf kognitive Prozesse sowie Anpassungen der laufenden Produktion zukommt. Eine Vernetzung sämtlicher am Produktionsprozess beteiligter Akteure maschineller wie menschlicher Natur zu einem Netzwerk soll daher das Zusammenspiel zwischen den Akteuren in einer Fabrik nachhaltig verbessern und hat letzten Endes das Ziel, eine Omnipräsenz von Produktionsdaten sowie weiterführenden Informationen zu ermöglichen.

Diese ständige Verfügbarkeit von Informationen aus der Produktion legt eine Nutzung der darunterliegenden Daten im Sinne einer ständigen Optimierung nahe. Mögliche Optimierungsstrategien stützen sich hierbei in der gängigen Praxis hauptsächlich auf zwei Szenarien:

1. Zum Einen besteht ein vorrangiges Ziel in der optimalen Bereitstellung von Informationen aus dem produktiven Umfeld für menschliche Entscheider. Hierzu ist

https://doi.org/10.1515/9783110527056-003

es notwendig, die Rohdaten aus der Produktion zielgerichtet aufzubereiten sowie im Sinne einer zugänglichen Interpretierbarkeit geeignet darzustellen und zu visualisieren.
2. Ein weiteres Szenario stellt die unmittelbare Nutzung von Produktionsinformationen zur Optimierung auf Basis computergestützter Werkzeuge dar. Im Augenmerk liegen hierbei insbesondere Methoden der Künstlichen Intelligenz sowie im Allgemeinen diejenigen Verfahren, die über eine bloße Algorithmik unter Nutzung feststehender Berechnungsverfahren hinausgehen, wie sie heute innerhalb vieler automatisierungstechnischer Steuerungen und Systeme anzutreffen sind.

Jedwede dieser Optimierungen – seien sie initiiert durch den Menschen oder auf Basis autonomer Intelligenzmechanismen – stützen sich hierbei auf aktuelle Daten, die z. B. mittels Sensorik oder auf Basis anderweitiger Instrumente zur Datenakquisition in der Produktion erfasst werden. Die Sammlung, Aggregation, Zusammenführung und Interpretation dieser Daten im Sinne einer einheitlichen Repräsentation stellt heutige Produktionsumgebungen mitsamt ihrer informationstechnologischen Ausgestaltung jedoch vor große Herausforderungen. Dieser Umstand liegt vor allem in einigen charakteristischen Eigenschaften von automatisierungstechnischen Anlagen moderner Produktionssysteme begründet:
- Produktionsdaten sind aufgrund ihrer mannigfacher Ausprägung naturgemäß durch eine starke Heterogenität gekennzeichnet. Sie unterscheiden sich hierbei nicht nur aufgrund einer starken syntaktischen Varianz, sondern sind insbesondere auch durch die Verwendung unterschiedlicher semantischer Konzepte bei der Repräsentation von Informationen charakterisiert.
- Moderne Produktionsanlagen bestehen in der Regel aus einer großen Anzahl hochkomplexer Subsysteme, die einem hierarchischen Organisationskonzept folgen. Eine vertikale Vernetzung dieser Systeme gelingt daher aufgrund verschiedener Kommunikationsstandards zumeist nicht.
- Einheitliche Schnittstellen zwischen diesen Subsystemen bestehen mithin nur sehr eingeschränkt und sind im Allgemeinen lediglich durch hoch aggregierte Informationsflüsse geprägt. Echtzeitinformationen liegen für gewöhnlich nicht in ausreichender Granularität vor, sondern – wenn überhaupt – in Form stark kondensierter Kennzahlen.

Diese Eigenschaften führen dazu, dass eine erfolgreiche vertikale Integration der Komponenten moderner Produktionssysteme in der Regel nicht in dem erforderlichen Grad realisierbar ist. Eine durchgehende Kommunikation findet also hauptsächlich zwischen gleichartigen Akteuren und folglich innerhalb einzelner Kommunikationsebenen der Automatisierungspyramide statt (siehe Abbildung 3.1).

Die Vorgänge innerhalb der einzelnen Ebenen sind durch die bestehenden IT-Infrastrukturen sowie Kommunikationssysteme bereits in ausreichendem Maße berücksichtigt. So findet eine weitreichende Vernetzung zwischen Systemen der Res-

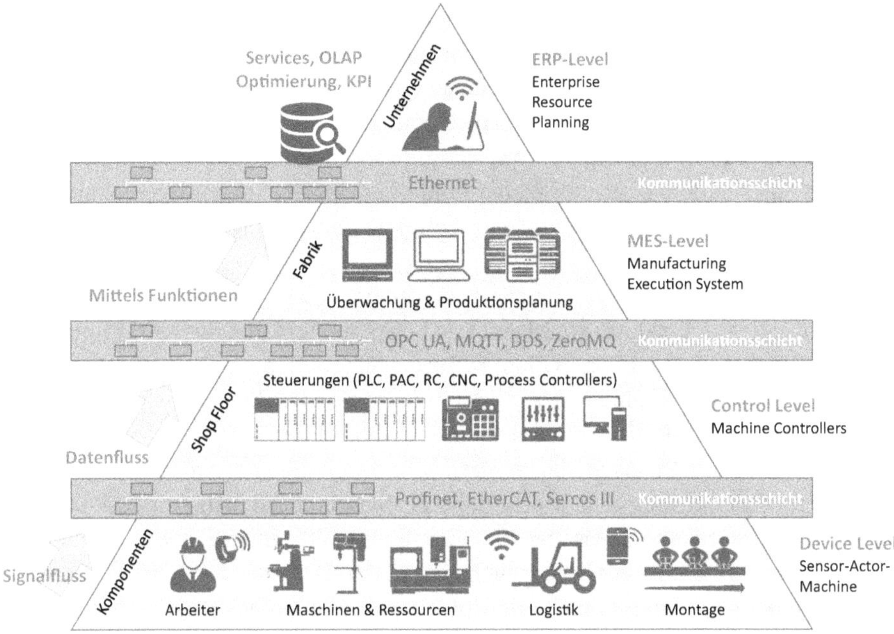

Abb. 3.1: Kommunikationssysteme innerhalb der Automatisierungspyramide, nach [1].

sourcenplanung bereits innerhalb vieler Unternehmen standort- oder sogar werksübergreifend statt, da die hierbei eingesetzten Datenbanksysteme durch eine ähnliche Syntaktik geprägt sind. Dezidierte Datenbanken lassen sich auf diese Weise mit komplexen Data Warehousing-Lösungen zur ständigen Bereitstellung wichtiger Key Performance-Indikatoren (KPI) verbinden und ermöglichen so einen kontinuierlichen Informationsaustausch.

Ähnlich gestaltet sich das Bild auf der untersten Ebene der Automatisierungspyramide – auf dem Shop Floor. Trotz der ausgeprägten Heterogenität eingesetzter Kommunikationslösungen, z. B. aufgrund der Verwendung verschiedener Feldbussysteme, sind die meisten über einen großen Zeitraum gewachsenen informationstechnischen Ökosysteme vieler Unternehmen dazu in der Lage, anfallende Informationen geeignet auszutauschen. Auch gibt es bereits weitreichende Ansätze, Intelligenzmechanismen auf dieser untersten Ebene erfolgreich einzuführen. Die in diesem Kontext angestrebten Optimierungsstrategien beschränken sich jedoch in der Regel auf lokale Gegebenheiten, bewirken also lediglich die optimale Funktionsweise eines oder einiger weniger dezidierter Prozesse.

Ein optimales Zusammenspiel aller Akteure eines produktionstechnischen Systems erfordert jedoch gerade den vertikalen Informationsaustausch zwischen den Ebenen der Automatisierungspyramide. Dieser Austausch ist notwendig, um beide angesprochenen Optimierungsstrategien – auf Basis menschlicher Entscheidungen und maschineller Intelligenz – zur Geltung bringen zu können. Gelingt diese Vernetzung, so lassen sich im Verbund Probleme auf der untersten Ebene durch produktionsnahe Lösungsansätze in Angriff nehmen sowie die hierbei gewonnenen Erkenntnisse mit dem Streben nach optimaler Ressourcenplanung (ERP-Level) in Einklang bringen. Ein ständiger Austausch zwischen diesen Ebenen unter Berücksichtigung aktueller Informationen aus der realen Produktion eröffnet neuartige Szenarien der Optimierung und lässt das Potential eines allumfassenden Internet of Things (IoT) in der Produktion erahnen.

Das in dieser Arbeit vorgestellte Konzept versucht die angestrebten Ziele durch einen kombinierten Ansatz zu verfolgen. Das Konzept beinhaltet die Einführung intelligenter Entitäten auf dem Shop Floor in Form von Agenten. Die Kommunikation sowie das Zusammenwirken dieser Agenten in Form eines Multiagentensystems erfolgt jedoch nicht auf Basis eines (weiteren) proprietären Protokolls oder auf Basis ähnlicher Kommunikationslösungen, sondern wird durch die Verwendung eines generischen Schnittstellenstandards realisiert. Dieser Standard soll in diesem Kontext nicht nur eine Kommunikation zwischen den einzelnen intelligenten Softwareagenten gewährleisten, sondern insbesondere auch einen Informationsaustausch zwischen produktionsnahen und produktionsfernen informationstechnologischen Infrastrukturen ermöglichen.

Im Einzelnen werden im Rahmen des dargelegten Frameworks folgende Herausforderungen behandelt sowie mit geeigneten Lösungsansätzen adressiert:
- Einheitliche Gestaltung der Kommunikation auf dem Shop Floor durch Verwendung eines generischen Schnittstellenstandards.
- Harmonisierung vertikaler Kommunikationsflüsse durch die Skalierbarkeit des vorgestellten Schnittstellenkonzepts in Verbindung mit einer semantischen, kontextuellen Anreicherung von Produktionsdaten.
- Repräsentation intelligenter Softwareagenten auf Basis eines einheitlichen semantischen Informationsmodells.
- Weiterentwicklung des generischen Schnittstellenstandards für den Austausch von Informationen zwischen Agenten und Drittsystemen.
- Durchgängiges Mapping sowohl der Repräsentation wie auch der Kommunikation zwischen Softwareagenten auf das vorgestellte Schnittstellenkonzept zur vertikalen Vernetzung der Automatisierungspyramide unter Einbeziehung sämtlicher horizontaler und vertikaler Kommunikationsvorgänge zwischen den Agenten sowie weiteren Anlagen und Systemen der Produktion.

Der Aufbau des vorliegenden Kapitels gliedert sich daher in folgende Schritte. Zunächst geschieht im folgenden Abschnitt eine generelle Beschreibung vorhandener Ansätze zur intelligenten Produktionssteuerung auf dem Shop Floor mittels intelligenter Softwareagenten (Abschnitt 3.2.1). Daran anschließend findet in Abschnitt 3.2.2 eine Auseinandersetzung mit vorhandenen vielversprechenden Schnittstellenstandards entlang der einzelnen Ebenen der Automatisierungspyramide statt. In Abschnitt 3.3 erfolgt dann eine detaillierte technische Beschreibung des Technologie-Stacks zur Realisation des dargestellten Vorhabens. Eine Evaluation sowie Validierung des vorgeschlagenen Ansatzes erfolgt schließlich in Abschnitt 3.4, in dem zwei integrierbare Konzepte zur Nutzung intelligenter Softwareagenten zur Ressourcenplanung aufgezeigt werden. Abschnitt 3.5 fasst die Erkenntnisse des vorliegenden Kapitels zusammen und beinhaltet eine Diskussion weiterführender Konzepte zur Nutzung evolvierender Intelligenzsysteme – auf Basis von Machine Learning sowie verwandter Lernstrategien.

3.2 Von der vertikalen Integration zu einer intelligenten Vernetzung

Dieser Abschnitt behandelt zwei entscheidende Technologietreiber der vierten industriellen Revolution. Einerseits werden zukünftige Entwicklungen durch eine immer stärkere Autonomie geprägt, durch die intelligente Subsysteme selbständig Entscheidungen treffen. Andererseits steigt hierdurch die Notwendigkeit, einer kontextuellen Entkopplung dieser Subsysteme entgegenzuwirken. Neben der Einführung von Intelligenzmechanismen ist demnach ebenfalls die Schaffung interoperabler, semantischer Schnittstellenstandards von herausragender Bedeutung für die Tragweite zukünftiger Entwicklungen im Rahmen der Industrie 4.0. Der Abschnitt konzentriert sich daher auf die grundsätzlichen Ausprägungen beider Technologiezweige, um diese in einem nächsten Schritt in Einklang zu bringen.

3.2.1 Softwareagenten zur intelligenten Produktionssteuerung auf dem Shop Floor

Die Komplexität automatisierungstechnischer Systeme innerhalb der industriellen Produktion hat in den letzten Jahren und Jahrzehnten stark zugenommen. Diese Komplexität, hervorgerufen durch einen rasanten Anstieg der Zahl technischer Systeme führt mehr und mehr zu einem Umdenken, da zentrale Instanzen immer weniger dazu in der Lage sind, diese Systeme umfassend zu managen und optimal zu steuern. Rufe nach einer Ablösung dieser traditionellen, zentralistischen Ansätze durch dezentrale Modelle und Methoden, die eine selbständige, autonome Optimierung der laufenden Vorgänge ermöglichen, werden daher immer lauter. Ein Schlüsselkonzept, das in der wissenschaftlichen Diskussion in den letzten Jahren immer stärker in den Vordergrund getreten ist, wird unter dem Begriff der cyber-physischen Systeme (CPS) zusammengefasst.

Dem CPS-Begriff liegt eine intrinsische Integrierbarkeit physikalischer Vorgänge mit digitalen Prozessen zugrunde. Nach der Modellvorstellung cyber-physischer Produktionssysteme bilden die einzelnen CPS-Entitäten eine virtuelle Schnittstelle zwischen realen Objekten der physischen Welt und ihrem *digitalen Zwilling*. Ausprägungen von CPS sind beispielsweise Softwareagenten, die in unmittelbarem Kontakt zu den physikalischen Vorgängen stehen, indem sie zum Beispiel auf Basis von Sensorik dazu befähigt werden, ihre Umgebung wahrzunehmen.

Diese Wahrnehmung befähigt Agenten in der Folge dazu, sämtliche eingehende Informationen in einer intelligenten Weise zu verarbeiten und sich so durch Interaktion mit ihrer Umwelt zu selbständig und intelligent agierenden Entitäten weiterzuentwickeln. Denkbar sind in diesem Zusammenhang beispielsweise Szenarien der prädiktiven Wartung (*englisch:* predictive maintenance) von Produktionsressourcen oder aber Verhandlungsmechanismen zwischen den einzelnen Agenten, welche die jeweiligen physikalischen Systemzustände von Maschinen und Anlagen berücksichtigen.

Die Realisierung dieser Szenarien ist in vielen Fällen durchführbar, beschränkt sich jedoch in ihrer praktischen Anwendung in der Regel auf einige konkrete Anwendungsfälle, die im Vorhinein fest implementiert wurden. Eine generische Befähigung von cyber-physischen Produktionssystemen zur autonomen Entscheidungsfindung in verschiedensten Szenarien – selbst unter Unsicherheit oder im Rahmen unbekannter Use-Cases – erfordert ein weitreichendes Konzept zur Integration in das Produktivsystem. Dies beinhaltet:

- Die Befähigung von Softwareagenten, Informationen über aktuell ablaufende Fertigungsprozesse zu sammeln sowie in eine kontextübergreifende Repräsentationsform zu überführen,
- die Integration und gemeinsame Betrachtung dieser Informationen zur Durchführung dezidierter Analysen unter Berücksichtigung aggregierter Daten von verschiedenen Systemen und Ebenen aus der Produktion,
- und schließlich die Interpretation der hieraus hervorgehenden Ergebnisse und deren Weiterverarbeitung zu einem Verständnis, das in Form konsolidierten Prozesswissens für eine *ganzheitliche* Optimierung genutzt werden kann.

Eine Möglichkeit der Kommunikation zwischen intelligenten Softwareagenten, die diese Form des Informationsaustauschs ermöglicht, liegt in der Schaffung service-orientierter Strukturen. Service-orientierte Architekturansätze (SOA) erlauben es hierbei, die Funktionen des Gesamtsystems als remotely callable services oder in Form von remote procedure calls anzubieten [2]. In der Praxis geschieht die Einführung service-orientierter Strukturen auf Basis von Service-Orchestrierung bzw. durch die Verwendung von Service-Choreographien [3]. Sowohl der zentralistisch gesteuerte Ansatz der Orchestrierung wie auch die durch dezentrale Entitäten organisierten Choreographien greifen hierbei auf einen Satz vordefinierter Service-Beschreibungen zurück. Das Verhalten der Agenten innerhalb dieser service-orientierten Strukturen geschieht also nach einem im Vorhinein festgelegten Muster.

Eine wirkliche semantische Kommunikation zwischen den Agenten einer derartigen service-orientierten Architektur findet somit nur eingeschränkt statt, da mitsamt den festgelegten Service-Beschreibungen der Kommunikationsaustausch ebenfalls im Vorhinein auf ein notwendiges Maß beschränkt wird. Die Schaffung generischer Ansätze zur Kommunikation zwischen den Agenten scheitert jedoch momentan noch in Ermangelung an Standards, welche das breite Anwendungsspektrum agentenbasierter Strukturen abzudecken vermögen.

3.2.2 Schnittstellenstandards zur vertikalen Integration bis auf die Maschinenebene

Eine mögliche Lösung dieser Problematik kann in der zielgerichteten Nutzung geeigneter skalierbarer Standards liegen, die es dem jeweiligen Anwendungsfall überlassen, die Kommunikation der intelligenten Softwareagenten auf die Bedürfnisse der vorliegenden Gegebenheiten anzupassen.

Da der Anwendungsbereich von Agenten im Rahmen automatisierungstechnischer Anwendungen jedoch in der Regel innerhalb der Feldebene verortet ist, sind insbesondere Schnittstellenstandards anzustreben, die eine entsprechende Integration in den Shop Floor ermöglichen. In diesem Sinne fällt der erste Gedanke auf eine Nutzung etablierter Feldbussysteme, wie sie zum Beispiel durch die traditionellen Vertreter *Profibus* oder *Modbus* gegeben sind. Diese herkömmlichen Feldbus-Protokolle arbeiten nach dem Master-Slave-Prinzip und konzentrieren sich auf die Vernetzung von Maschinen, Anlagen und Steuerungen auf der Feldebene. Herausragende Komponenten stellen hierbei Speicherprogrammierbare Steuerungen (SPS) sowie Systeme der zentralen Anlagenüberwachung (z. B. SCADA) dar. Während die SPS in diesem Zusammenhang die zentrale Steuerung und Organisation automatisierter Prozesse übernehmen, kommt den Systemen zur Überwachung die alleinige Vorherrschaft über Produktionsdaten zuteil. Ein horizontaler Austausch zwischen Überwachung und Steuerung findet zwar statt, beschränkt sich im Allgemeinen jedoch auf prozesskritische Größen und/oder Störsignale, ein Informationsaustausch mit dem Ziel einer ganzheitlichen Optimierung auf der Feldebene ist in der Regel nicht gegeben.

Ähnlich verhält es sich mit Bezug auf den vertikalen Austausch von Informationen. Dieser findet zwar ebenfalls statt, beschränkt sich jedoch im Allgemeinen auf hoch kondensierte Größen, die von der Anlagenüberwachung an die höheren Systeme der Produktionsüberwachung weitergegeben oder oftmals sogar manuell aggregiert werden (siehe Abbildung 3.2).

Eine Nutzung der anfallenden Daten geschieht also wie bereits weiter oben erläutert üblicherweise durch den menschlichen Entscheider, der eine dezidierte Analyse der Informationen vornimmt, um hieraus sinnvolle Maßnahmen für mittel- bzw. langfristige Anpassungen im Rahmen der Produktions- und Ausführungsplanung vorzunehmen. Ein Rückfluss in die Steuerungssysteme geschieht bei dieser Konstellation nur sehr verzögert, eine unmittelbare Nutzung vorhandenen Prozesswissens während der Produktionsvorgänge ist in diesem Szenario nahezu undenkbar.

Weiterführende Ansätze gehen über die reine Konnektivität zwischen Feldgeräten hinaus und versuchen, über die Einführung eines *Industrial Ethernet* eine durch-

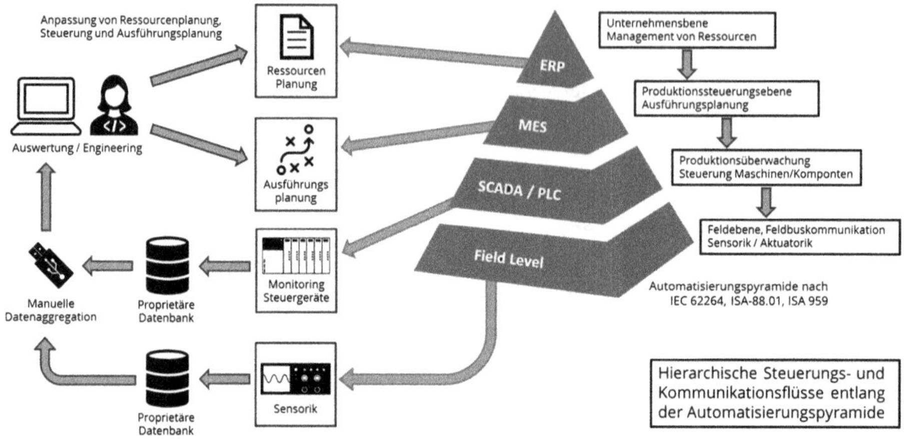

Abb. 3.2: Hierarchischer Informationsaustausch von der Feldebene in höhere Systeme.

gehende Vernetzung bis auf die Maschinenebene voranzutreiben. Namhafte Vertreter dieser erweiterten Feldbusprotokolle sind die industriellen Vernetzungsstandards *Profinet*, *EtherNet/IP* oder *EtherCAT*. Die vorgestellten Industrial Ethernet Standards verfolgend wichtige Ansätze, da sie die Einführung verteilter Automatisierungslösungen dezentraler Feldgeräte unterstützen. Außerdem bewirkt die einheitliche Gestaltung der Kommunikation auf Basis eines Ethernet-Standards eine Homogenisierung der Netzwerk-Infrastruktur und bringt bessere Fähigkeiten zum Management der vorliegenden Topologien mit.

Diese Weiterentwicklungen im Rahmen der Feldbussysteme stellen einen großen Fortschritt dar, da sie den Grad proprietärer Kommunikationsprotokolle auf dem Shop Floor in entscheidendem Maße verringern. Dies erleichtert insbesondere eine Aggregation und Harmonisierung verschiedener Informationsquellen, stellt also einen ersten Schritt in Richtung generischer vertikaler Interoperabilität dar. Dennoch definieren diese Protokolle nicht viel mehr als eine Schnittstelle. Die Semantik der ausgetauschten Informationen – und noch wichtiger: ihr Kontext – können auf Basis dieser Kommunikationslösungen nicht ausgestaltet werden.

Einen Schritt weiter gehen in diesem Zusammenhang Ansätze, deren Ziel daran besteht, das Internet der Dinge (en. Internet of Things – IoT) innerhalb unterschiedlichster Systeme zu verwirklichen. Die Technologie, welche diesen Kommunikationsstandards zugrunde liegt, ist der *Publish-Subscribe*-Mechanismus. Dieser Mechanismus bedient sich eines datenzentrierten Ansatzes, stellt also die ausgetauschten Informationen – und nicht das Protokoll – in den Vordergrund. Unterschiedliche Datenflüsse werden hierbei unter sogenannten *Topics* zusammengefasst, die den Kontext beschreiben, in dem ein Datum oder eine Menge von Datenpunkten angefallen sind. Bekannte Vertreter dieser Protokollgattung sind das Message Queue Telemetry Transport (MQTT) Protokoll, ZeroMQ oder das Advanced Message Queuing

Protocol (AMQP) Alle Mitglieder dieser Protokollfamilie sind durch einen minimalistischen Protokoll-Stack gekennzeichnet, um Nachrichten möglichst schnell und effizient verarbeiten zu können. Ein weiterer Vertreter der Message-Queue-Protokolle mit hoher Relevanz im industriellen Umfeld stellt der Data Distribution Service (DDS) dar. Neben seiner Pub-Sub-Funktionalität bietet der DDS-Standard darüber hinaus noch eine Auto-Discovery-Funktion zur ad-hoc-Vernetzung agiler Netzwerke an und stellt sogenannte Quality-of-Service (QoS)-Stufen bereit. Durch letztere Eigenschaft ist es bei Verwendung von DDS möglich, verschiedene Übertragungsmechanismen gemäß den Anforderungen des Anwendungsfalls zu spezifizieren, beispielsweise zum Zweck einer hohen Performance oder optimierter Signalqualität (siehe z. B. [4]). Die Kommunikation über Pub-Sub-Middleware-Konfigurationen ist mittlerweile derartig performant, dass diese in absehbarer Zeit auch für Anwendungen, die deterministisches Verhalten erfordern, einsetzbar werden könnten.

Das Industrial Ethernet gemeinsam mit datenzentrierten Verfahren stellen demnach bereits eine gute Grundlage dar, um Intelligenzmechanismen bis auf den Shop Floor zu bringen, ohne entscheidende Anforderungen wie zum Beispiel echtzeitfähiges Verhalten außer Acht zu lassen. Alleine auf Basis von Topics – also Nachrichtenkanälen – lassen sich Produktionsdaten jedoch noch nicht hinreichend exakt beschreiben. Möglicherweise reicht diese Form der Nomenklatur von Datenflüssen für viele Anwendungen auf dem Shop Floor aus, auch zwischen intelligenten Softwareagenten. Jedoch gelangt der Ansatz spätestens bei der Integration von Shop-Floor-Daten in höhere Systeme an seine Grenzen, da zu diesem Zweck Informationen im Sinne eines skalierbaren Informationsmodells annotiert werden müssen, um beispielsweise eine Integrierbarkeit in komplexe Datenbanksysteme zu gewährleisten.

3.2.3 OPC UA – Der Meta-Standard für skalierbare Informations- und Kommunikationsinfrastrukturen

An dieser Stelle setzt OPC Unified Architecture an. Der OPC UA Standard ist hierbei nicht mit einem reinen Protokoll vergleichbar, sondern geht weit über den Ansatz der traditionellen Spezifikation von Kommunikationsprotokollen hinaus. OPC UA liefert im Gegensatz zu anderen Richtlinien keine fixe Beschreibung zu verwendender Technologie-Stacks, sondern stellt ein Vorgehensmodell zur Definition von Informationsmodellierungen mit dem Ziel eines durchgehenden Datenaustauschs auf der Feldebene bereit. Diesen Ansatz verfolgt OPC UA über ein Metamodell, das die formalen Randbedingungen sowie Beschreibungsdimensionen eines derartigen Informationsmodells festlegt, die Vorgehensweise bei der Modellierung jedoch der jeweiligen Anwendung überlasst. Der Standard erfüllt somit einige grundlegende Voraussetzungen zur Schaffung flexibler Informationsmodelle, die dazu in der Lage sind, auch das Verhalten unterschiedlichst gearteter Agenten präzise abzubilden.

Des Weiteren definiert OPC UA verschiedenste Übertragungsmechanismen, die es ermöglichen, den Datenaustausch auf Basis unterschiedlicher Technologien zu realisieren. Ein Alleinstellungsmerkmal, das OPC UA in diesem Zusammenhang von vielen anderen Standardisierungen abhebt, ist die strikte Trennung der Protokolldefinitionen und der Informationsmodellierung. Der Standard gibt also lediglich die Schnittstellen, Austauschspezifikationen und semantische Modellierung der in Kontakt stehenden Systeme vor, die Organisation sowie der Ablauf der Kommunikation kann über die Nutzung der entsprechenden API jedoch von jeder Anwendung selbständig vorgenommen werden.

Konkret geschieht der Datenaustausch bei OPC-UA-basierten Anwendungen über das TCP/IP-Protokoll oder über semantisch frei konfigurierbare Web Services und liefert somit die Grundlage zur Schaffung von service-orientierten Strukturen in der Produktion. Ein attraktiver Nebeneffekt der Verwendung dieser etablierten Übertragungsmechanismen liegt neben der einfach realisierbaren Konnektivität außerdem in der Nutzbarkeit bewährter Sicherheitskonzepte. So nutzt OPC UA gängige Verschlüsselungstechnologien wie RSA-256 bit und greift bei der Authentifizierung von Clients und Servern auf X.509-Zertifikate zurück, erfüllt also auch die notwendigen Rahmenbedingungen für den *sicheren* Aufbau skalierbarer Informations- und Kommunikationsinfrastrukturen.

3.2.3.1 Semantische Informationsmodelle für gewachsene Produktionssysteme

Einer der Gründe für die Wahl des OPC-UA-Standards zur modellhaften Abbildung von Multiagentensystemen in realen Produktionsanlagen ist die Fähigkeit zur Schaffung semantischer Informationsmodelle. Mittels des Metamodells von OPC UA ist es möglich, Produktionsumgebungen sowie die hierin enthaltenen Maschinen, Sensoren, Steuerungen sowie anderen Entitäten mit Hilfe eines Informationsmodells vollständig gemäß einer objektorientierten Sichtweise zu beschreiben. Neben der Nutzung objektorientierter Modellbildung ermöglicht die Anwendung semantischer Konzepte weiterhin eine Modellierung auf Basis kontextueller Beschreibungsformen, indem beispielsweise Messgrößen von einem konzeptuellen Standpunkt charakterisiert werden und somit in ähnlichen Kontexten wiederverwendbar sind. Diese Eigenschaft spielt speziell auf die Wahrnehmung intelligenter Softwareagenten in ihrer Umwelt an, die ähnlich der menschlichen Wahrnehmung durch kontextbezogenes Lernen ständig verbessert werden soll.

Die OPC-UA-Standardisierungen geben in diesem Zusammenhang bereits einige Namensräume – sogenannte Address Spaces – vor, die das Grundgerüst für die weitere Modellierung bilden (siehe Abbildung 3.3).

Die unterste Ebene dieses Aufbaus bildet die Basisspezifikation des Informationsmodells. Hier werden die Typdefinitionen sowie Beschreibungen grundlegender primitiver Datentypen abgebildet. Darüber befinden sich Legacy-Spezifikationen zu *OPC Data Access* (oder auch *OPC Classic*), dem Vorgänger-Standard von OPC UA. Die

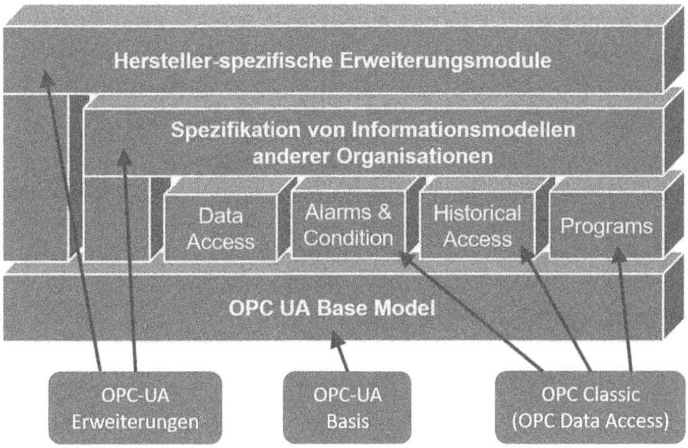

Abb. 3.3: Fundamentaler Aufbau des OPC-UA-Metamodells.

hier dargestellten Informationsmodelle, insbesondere *Alarms & Events* (*OPC A&E*) sowie *Historical Data Access* (*OPC HDA*) sind hauptsächlich aus Gründen der Abwärtskompatibilität noch Bestandteil des neuen Standards. In diesem Zusammenhang ist zu berücksichtigen, dass viele Automatisierungssysteme durch vergleichsweise hohe Lebenszykluszeiten charakterisiert sind. Diese in der Regel über Jahre bis Jahrzehnte gewachsenen Systeme gilt es auch bei der Einführung neuer Standards zu berücksichtigen. Die Integration etablierter *OPC Classic* Systeme in die OPC-UA-Modellierungstypologie ist daher notwendig, um diese gewachsenen Strukturen mit in die Entwicklungen einzubeziehen.

Hierauf aufbauend befinden sich nun weitere Spezifikationen für Informationsmodelle, die sich zum Beispiel auf weit verbreitete technische Systeme oder entsprechende Domänenmodelle beziehen. Diese auch als Companion Specifications bezeichneten Meta-Standardisierungen decken große Sprachräume zumeist in Form von Ontologien ab, um das OPC-UA-Metamodell mit anderen weit verbreiteten Standards in Einklang zu bringen. Namhafte Vertreter dieser Modellkategorien lauten zum Beispiel *eCl@ss* oder *AutomationML*, die ihrerseits Namensräume für eine Vielzahl technischer Anwendungen bereitstellen.

Auf oberster Ebene schließlich befinden sich hersteller- oder branchenspezifische Erweiterungsmodule des OPC-UA-Standards. Auf diesem Level werden zumeist konkrete technische Anwendungen sowie häufig anzutreffende Systemkonfigurationen von den entsprechenden Herstellern geeignet adressiert, um ein Zusammenspiel mit den Basismodulen von OPC UA zu ermöglichen. Wichtige zu nennende Standards sind in diesem Kontext zum Beispiel die *PLCOpen*-Spezifikation zur Integration von Steuergeräten (en. PLC – Programmable Logic Controller) nach IEC 61131-3 oder die *ADI* (*Analyzer Device Integration*) und *FDI* (*Field Device Integration*)-Standards zur Feldgeräteintegration.

Trotz der hohen Komplexität einiger der genannten Standards lässt sich durch das vorgegebene Metamodell eine nahtlose Integration der verschiedenen Spezifikation sicherstellen, sodass auch im Realbetrieb eine reibungslose Zusammenarbeit angestrebt werden kann. Ähnlich der vorgestellten Ansätze lassen sich in dieses Metamodell auch Sprachräume für weiterführende Modellierungskonzepte wie zum Beispiel Multiagentensysteme integrieren, oder auch gemeinsame Namensräume für die Integration mit höheren Systemen der Produktionsplanung.

3.2.3.2 Skalierbarkeit für die vertikale Integration

Aufgrund des offenen Architekturansatzes von OPC UA und der freien Konfigurierbarkeit verwendeter Sprach- und Domänenmodelle ist es möglich, die Systeme auf den unterschiedlichen Ebenen eines Unternehmens flexibel miteinander zu vernetzen. Entsprechende Architekturlösungen bedienen sich hierbei des Ansatzes aggregierender Server (siehe Abbildung 3.4).

Auf der untersten Ebene der schematisch dargestellten Informationsflusshierarchie befinden sich die Datenquellen, welche hier durch OPC UA-Server repräsentiert werden. Diese Server bilden eine direkte Schnittstelle zu verfügbaren Informationen aus der Produktion wie zum Beispiel Sensordaten oder Rückkopplungen automatisierungstechnischer Systeme. Diese Daten können von OPC UA-Clients auf der Feldebene abonniert und somit gelesen werden. Über weitere eingebettete OPC UA-Server auf dieser Ebene ist es nun möglich, die Produktionsdaten auf gleichem Wege nach oben weiter zu reichen. Auf diese Weise kann ein sukzessiver Informationsfluss vom Shop Floor bis hin zu höheren Systemen der Produktionsplanung realisiert werden. Auf der obersten Ebene schließlich erfolgt eine Aggregation der vorhandenen Namensräume zu einem durchgehenden Informationsmodell. Mittels dieser Methodik ist es möglich,

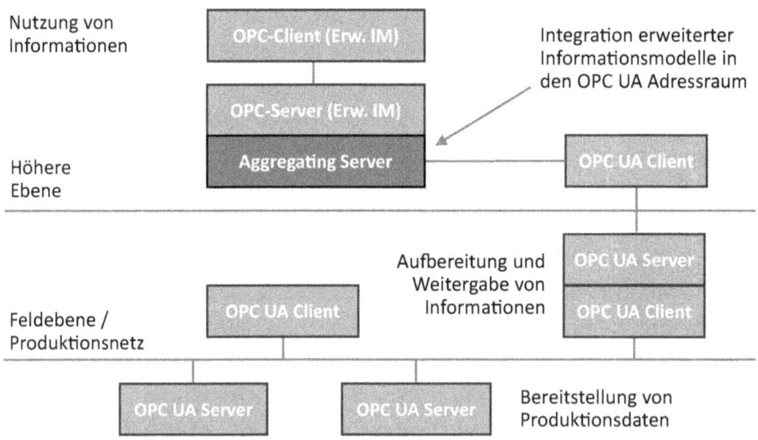

Abb. 3.4: Vertikale Integration über OPC UA Aggregating Server (nach [5]).

auf Basis der vorhandenen Kontextinformationen hochgranulare Daten aus dem Feld auf den höchsten Ebenen der Produktionsplanung zu berücksichtigen.

3.3 Agent OPC UA – Ein skalierbarer Ansatz zur Integration von Multiagentensystemen in reale Produktionsanlagen

Das beschriebene Konzept der aggregierenden Server muss jedoch nicht ausschließlich auf höheren Ebenen erfolgen, sondern kann in jedem Stadium des Informationsflusses dazu genutzt werden, kontextuelle Informationen entsprechend aufzubereiten, zu interpretieren und somit einer Analyse zugänglich zu machen. Das in diesem Abschnitt vorgestellt Vorgehen für die modellhafte Abbildung intelligenter Softwareagenten mittels OPC UA macht sich diese Methodik zunutze, um eine durchgehende, semantische Interaktion von Agenten auf allen Ebenen der Automatisierungshierarchie zu ermöglichen.

3.3.1 Informationsmodellierung für CPPS

Zu diesem Zweck ist es erforderlich, die oben beschriebene Methodik der objektorientierten Informationsmodellierung auf cyber-physische Systeme wie Softwareagenten zu übertragen und anzuwenden. Die Metamodellierung dieser intelligenten Entitäten wird hierbei stark von den Ideen des Internet of Things inspiriert. Im Gegensatz zur Architektur traditioneller Internetstrukturen besteht ein CPS-basiertes Netzwerk aus einem Verbund offener, dynamischer und autonomer Instanzen, die Kommunikation zwischen den Entitäten beruht demnach nicht auf einer übergreifenden Server-Instanz, die sämtliche Anfragen von Clients zentral organisiert. Im Kontext selbständig kommunizierender intelligenter Entitäten hat jede dieser Instanzen vielmehr die Fähigkeit, gleichzeitig als Client und ebenso als Server zu fungieren, um eingehende Anfragen selbständig entgegenzunehmen, zu verarbeiten und schließlich an andere Partner im Netzwerk zu kommunizieren.

Neben den Vorteilen, die ein derartig dezentral organisiertes Netzwerk gleichberechtigter Kommunikationspartner mit sich bringt, führt die Auflösung starrer Hierarchien in der Organisation von Kommunikationsvorgängen ebenfalls zu einer höheren Komplexität und erfordert einen fortgeschritteneren Grad an Interoperabilität. Im Gegensatz zu fixen Kommunikationsstrukturen mit klaren Hierarchien und eindeutigen Zuordnungen einzelner Entitäten ist es bei diesen freien Strukturen notwendig, die ausgetauschten Daten in Form interpretierbarer Informationen abzubilden, und diese darüber hinaus in maschinenlesbarer Form bereitzustellen. Die Definition der IEEE [6] bezogen auf diese Form der Interoperabilität geht an dieser Stelle sogar noch einen Schritt weiter, indem sie Interoperabilität als die Fähigkeit eingebetteter Systeme bezeichnet, spontane ad-hoc-Netzwerke zu bilden und über einen dynamischen

Verbund flexibler Kommunikationseinheiten Informationen auszutauschen. Diese Informationen beinhalten neben dem reinen *payload* ebenfalls Meta-Daten über den Kontext der ausgetauschten Größen, zum Beispiel über den Ort und die präzisen Umstände, unter denen ein bestimmtes Datum generiert wurde. Erst diese kontextspezifischen Meta-Informationen machen aus Rohdaten wertvolle und somit sinnvoll nutzbare, interpretierbare und autonom zu verarbeitende Informationen.

3.3.2 Semantische Integration intelligenter Softwareagenten

Die Modellrepräsentation für intelligente Softwareagenten mittels OPC UA baut auf dieser Metamodell-Vorstellung auf, indem die informationstechnische Abbildung der Agenten in einen Verbund vorhandener Spezifikationen und Namensraumerweiterungen eingebettet wird (siehe Abbildung 3.5).

Auf der untersten Ebene befindet sich das zuvor beschriebenen Basismodell von OPC UA, das als Grundgerüst für weitere Modellierungen fungiert. Das Basismodell enthält zum Beispiel notwendige Spezifikationen zur Definition von Objekten oder Datentypen. Darauf aufbauend werden nun nebeneinander das *AgentType* sowie das *MessageType* Modell verortet. Die *AgentType* Spezifikation definiert hierbei die grundlegenden Eigenschaften eines Softwareagenten, z. B. seine Fähigkeiten (Capabilities), Interaktionsmöglichkeiten mit der Umwelt (Wahrnehmung / Weltbild) sowie seine Kommunikationsfähigkeiten.

Auf der gleichen semantischen Ebene wie der *AgentType* werden die Nachrichtenspezifikationen konkretisiert. Das *MessageType* Objektmodell definiert den inneren Aufbau der Nachrichten, welche durch die Softwareagenten versendet werden. Zu diesem Zweck werden verschiedene Message Types definiert, die den Zweck der einzelnen Nachrichten sowohl in der formalen Gestaltung wie auch im Sinne des späteren Nachrichteninhalts widerspiegeln.

Das Ziel der semantischen Integration eines Multiagentensystems besteht letztlich darin, die Fähigkeiten von intelligenten Softwareagenten auf Basis eines generischen Nachrichtenaustauschs zu realisieren. Zu diesen Fähigkeiten gehören neben

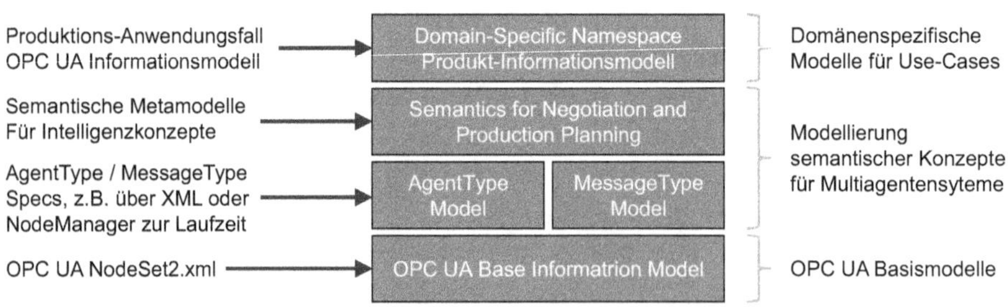

Abb. 3.5: Übersicht des OPC UA Agent Stack.

der Wahrnehmung ihrer Umwelt ebenfalls Verhandlungsmechanismen mit anderen Agenten bzw. mit übergeordneten Instanzen. Im Kontext einer dynamischen Produktionssteuerung wurden für die im Rahmen dieses Frameworks zu berücksichtigenden Use-Cases folgende Fähigkeiten definiert:

- Die grundlegende Fähigkeit von Agenten ist die Wahrnehmung ihrer Umwelt. Bezogen auf ein Produktionsszenario bedeutet dies, dass die Agenten dazu in der Lage sind, den Status anderer Agenten einzusehen, indem sie den über eine OPC UA-Property definierten State eines beliebigen Agenten auslesen.
- Die Agenten sind weiterhin dazu in der Lage, Nachrichten von anderen Entitäten zu empfangen. Dies können gleichberechtigte Agenten sein oder andere Formen der Repräsentation intelligenter Einheiten, solange die Messages der formalen Definition des OPC UA-Agentenmodells entsprechen.
- Agenten können Nachrichten über die OPC UA-Schnittstelle an jeden anderen Knoten (*node*) im OPC UA-Adressraum versenden, der für den Empfang entsprechender Nachrichten konfiguriert wurde.
- Die Agenten sind dazu in der Lage, den Inhalt von Nachrichten logisch zu verarbeiten. Die Struktur der einzelnen Messages, die ebenfalls über einen OPC UA-Objekttyp definiert sind, stellt in diesem Zusammenhang sicher, dass die Nachrichten durch die Agenten interpretierbar sind:
  - Zum Beispiel enthalten bestimmte Nachrichten ein *Angebot* für einen oder für mehrere durchzuführende Produktionsschritte.
  - Die Agenten dienen in diesem Zusammenhang in Form von CPPS als Schnittstelle zur physikalischen Welt und repräsentieren so z. B. die Fähigkeiten einer Produktionsmaschine. Basierend auf dieser Repräsentation sind die Agenten folglich dazu in der Lage, einen Abgleich der angefragten Produktionsschritte mit den jeweiligen Fähigkeiten sowie Eignungen der Produktionsentitäten vornehmen.
  - Schließlich werden die Agenten hierdurch dazu befähigt, eine positive oder negative Rückmeldung zu geben, je nachdem, ob sie den angeforderten Produktionsvorgang realisieren können oder nicht.
- Weitere Nachrichten enthalten schließlich Produktionsaufträge, die dem Agenten nach positiver Zusage durch einen Koordinator auferlegt werden.

Auf Basis dieser formalen Repräsentationsform von Agenten befinden sich auf der nächsten Ebene die Meta-Modelldefinitionen für Verhandlungsmechanismen sowie Algorithmen für die Produktionsplanung (siehe Abbildung 3.5). In dieser Schicht findet das Mapping statt zwischen den OPC-UA-konformen Nachrichten und der eigentlichen *Agentenlogik*, d. h. der entsprechende Nachrichteninhalt kann über den formalen Aufbau der Nachricht extrahiert und für die Datenverarbeitung unmittelbar genutzt werden. Im Rahmen dieser Verarbeitung ist der Intelligenzkern der Agenten in der Lage, Berechnungen jedweder Form vorzunehmen. Über ein anschließendes Mapping der Ergebnisse wiederum auf OPC-UA-konforme Nachrichtentypen können die

Agenten so in ständigem Austausch stehen und bieten ihr Wissen stets in einer für alle Akteure erreichbaren Form an.

Auf der obersten Ebene der dargestellten Metamodell-Hierarchie befinden sich schließlich die domänenspezifischen Aufbaumodule, die das Bindeglied zwischen einer abstrakten formalen Spezifikation der Agenten und einem konkreten Use-Case bzw. Produktionsszenario bilden. Im Rahmen dieser Modelle werden ähnlich den Companion Specifications OPC UA-Typendefinitionen festgelegt, welche die realen Gegebenheiten innerhalb bestimmter Produktionsszenarien widerspiegeln. In diesem Sinne können einerseits formale Größen festgelegt werden, zum Beispiel in einem bestimmten Kontext häufig anzutreffende Messgrößen oder Sensordaten. Andererseits ist diese Form der objektorientierten Informationsmodellierung ebenfalls dazu in der Lage, Wissensgraphen (*knowledge graphs*) oder ähnlich geartete Formen von *Ontologien* abzubilden. Die Abbildung dieser semantischen Konzepte auf einen formalisierten Schnittstellstandard befähigt die Agenten zu einer neuen Qualität der Kommunikation, indem sich der Nachrichtenaustausch nicht nur auf im Vorhinein festgelegte Inhaltsdefinitionen beschränkt, sondern durch natürlichsprachliche Elemente angereichert werden kann.

Zur Verdeutlichung des logischen Aufbaus, dem der vorgestellten Agenten-Stack unterliegt, sind in Abbildung 3.6 die konkreten Spezifikationen der einzelnen Adressräume aufgeschlüsselt und um den domänenspezifischen Namensraum eines konkreten Anwendungsfalls ergänzt.

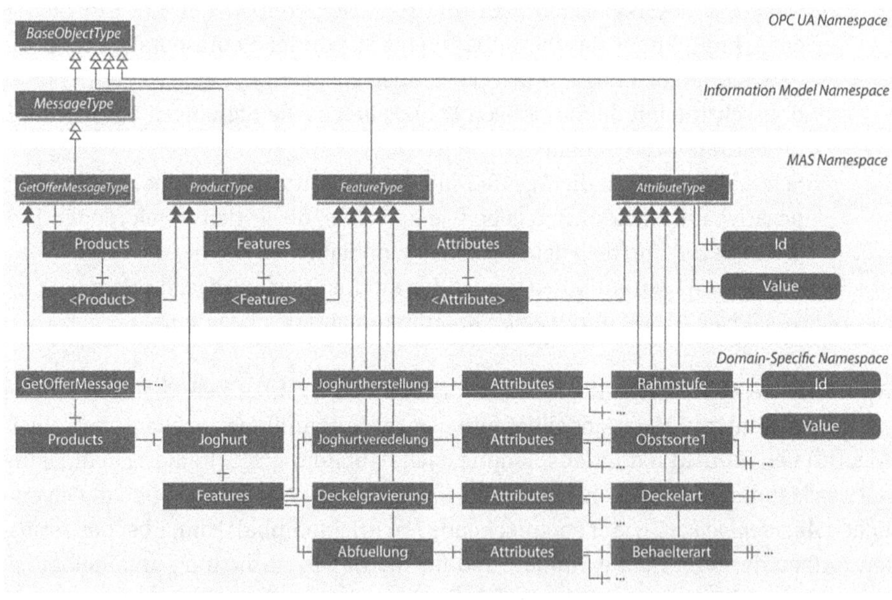

Abb. 3.6: OPC-UA-Spezifikation des Metamodells zur Abbildung von Multiagentensystemen.

Aus Gründen der Übersichtlichkeit wurde die Spezifikation der Namensräume auf einige Knoten beschränkt, die abgebildeten Adressräume bilden den in Abbildung 3.5 dargestellten Stack in umgedrehter Anordnung, also top-down ab. Zuoberst ist der Wurzelknoten (OPC UA *root node*) des Basismodells dargestellt. Darunter ist beispielhaft der *MessageType* abgebildet, der sich auf gleicher Ebene wie der *AgentType* befindet. Die verschiedenen Nachrichtentypen sowie ihr entsprechendes Mapping auf die Agentenlogik ist im *MAS Namespace* angedeutet, der darüber hinaus das Mapping der agentenspezifischen Informationsmodelle zu den domänenspezifischen Typdefinitionen (*Domain-Specific Namespace*) abbildet.

Zuunterst ist ein Namensraum dargestellt, der die Abbildung eines konkreten Use-Cases auf das Agenten- bzw. Nachrichtenmodell realisiert. Der abgebildete Namensraum bezieht sich auf die Produktion eines individuell zugeschnittenen Joghurts, der durch den Kunden vor der Bestellung dezidiert ausgestaltet werden kann. Die spezifischen Eigenschaften eines hierauf gründenden Produktionsszenarios können über die dargestellte Repräsentationsform durch die Agenten unmittelbar genutzt werden, die Agenten werden also in die Lage versetzt, das Konzept des „Joghurts" mitsamt seiner spezifischen Eigenschaften zu „verstehen".

Über die dargestellte Form der Konzept- und Wissensrepräsentation sind die auf Basis des OPC UA Metamodells konzipierten Multiagentensysteme innerhalb vieler verschiedener Szenarien einsetzbar, da Zusatzmodule, Namensraumerweiterungen und Companion Spezifikationen in beliebigem Maße kombinierbar sind. Die sich hieraus ergebende ausgeprägte Skalierbarkeit des Agenten-Stacks ermöglicht seine Anwendung in beliebig komplexen Szenarien, da ein Mapping selbst hochkomplexer Optimierungs- und Berechnungsverfahren mittels eines einheitlichen Sprachkonzeptes so stets realisiert werden kann.

3.4 Systemübergreifende Nutzung von Agenten zur intelligenten Produktionssteuerung

In diesem Abschnitt wird die Nutzung eines Multiagentensystems zur direkten Steuerung und Optimierung eines konkreten Produktionsszenarios beschrieben. Zu diesem Zweck findet in einem ersten Schritt die Spezifikation der Agentenlogik statt, die auf Basis algorithmischer Optimierungsverfahren für die Ressourcenplanung genutzt wird. In einem zweiten Schritt wird dann konkretisiert, wie das Zusammenspiel dieses Agentensystems mit höheren Systemen der Produktionsplanung und -steuerung realisiert werden kann. Im Rahmen dieses erweiterten Szenarios findet eine Auslagerung bestimmter rudimentärer Funktionen in ein ERP-System statt, die Kommunikation mit dem System wird über einen *ERP Agent* realisiert, der die OPC UA-Schnittstelle zu den Systemen der Ressourcenplanung bildet. Somit ist es möglich, die inhärente Programmlogik von ERP-Systemen auch in den Verbund von Multiagentensystemen zu integrieren und so vielseitige Optimierungs- und Planungsverfahren miteinander zu kombinieren.

3.4.1 Agentenbasierte Ressourcenplanung durch eingebettete Intelligenzkonzepte

Auf Basis der Verwendung einer generischen Schnittstelle ist es möglich, kontextspezifische Informationen jedweder Form zwischen den Agenten auszutauschen. Durch die Implementierung konsistenter Informationsmodelle in jede der kommunizierenden Instanzen wird somit eine Interpretierbarkeit sowie ein inhärentes Verständnis der ausgetauschten Informationen gewährleistet. In der Folge ist es dann möglich, selbst komplexeste Berechnungen, welche die durch den Agenten repräsentierte Maschine oder Produktionsentität betreffen, durchzuführen.

Im Fall des oben vorgestellten „Joghurt"-Anwendungsfalls lassen sich auf Grundlage dieser Methodik aufwendige Verfahren zur Ressourcenoptimierung, zum Beispiel hinsichtlich eines potentiellen logistischen Aufwands, realisieren. Im Rahmen des vorliegenden Use-Case wurde in diesem Sinne eine *Agentenlogik* implementiert, die einzelne Agenten dazu befähigt, mit ihrem Umfeld – also mit anderen Agenten – um die Durchführung bestimmter Produktionsschritte zu konkurrieren. Die quantitative Ausprägung dieser Logik manifestiert sich in einer Preisfunktion, die verschiedene Rahmenbedingungen und Key Performance Indikatoren (KPI) mit in den Preisbildungsprozess einbezieht und in Form eines Preises zu einer einzigen Kenngröße konsolidiert.

Die genannten Randbedingungen, die bei dieser Form der Preisbildung innerhalb realer Anwendungsfälle von Relevanz sind, beziehen sich im Rahmen des vorgestellten Use-Case z. B. auf folgende quantifizierbare Größen:

- Der (logistische) Transportaufwand gemessen an der Summe zurückgelegter Strecken bis zur Fertigstellung eines Produktes. Zur Estimation der hiermit verbundenen Kosten sind insbesondere die Positionen der verschiedenen Maschinen von Relevanz.
- Berücksichtigung aktuell laufender Produktionsvorgänge und die hiermit verbundene Verzögerung bis zum Beginn des angefragten Produktionsschritts.
- Die Warteschlange (Queue) ausstehender Produktionsschritte und die hieraus folgende Auslastung von Maschinen oder anderer Produktionsentitäten, welche durch die jeweiligen Agenten repräsentiert werden.
- Die Priorisierung einzelner Produktionsaufträge, Produkte oder Gruppen von Produkten zum Beispiel für einen bestimmten Kunden/Besteller.

Zusätzlich können in einem realen Anwendungsfall noch weitere Größen von Bedeutung für eine derartige Preisbildung sein, zum Beispiel Energieaufwand, Abnutzungsgrad und Lebensdauer der zur Anwendung kommenden Werkzeuge, implizite Kosten für Predictive Maintenance, etc. Aufgrund der skalierbaren Logik der Agenten – Maschinen Verbünde (CPPS) sind einer weiteren Ausgestaltung dieser Form von Intelligenz keine unmittelbaren Grenzen gesetzt.

Der Verhandlungsmechanismus selbst, der auf den zuvor beschriebenen Randbedingungen beruht, profitiert von einigen weiteren Fähigkeiten der Agenten, indem bestimmten Agenten dezidierte Aufgaben zugeteilt werden:

- Der sogenannte *Customer Agent* repräsentiert eine API zum *Kunden*, stellt also eine Schnittstelle bereit, über die das Produkt bestellt wird. Die Architektur des vorgestellten Frameworks sieht hierzu eine MQTT-Schnittstelle vor, die über eine Web-Applikation durch den Kunden bedient wird.
- Innerhalb des Multiagentensystems erfolgt hierauf basierend eine interne Weitergabe der abstrahierten Bestellinformationen durch einen *Coordination Agent*. Dieser fungiert als koordinierende Instanz, und organisiert in diesem Sinne die Weitergabe der notwendigen Informationen an andere Agenten.
- Alle übrigen Agenten sind bezüglich ihrer Logik-Funktionalitäten einheitlich gestaltet, verfügen jedoch über verschiedene Aufgaben/Fähigkeiten in Bezug auf die Fertigung des Produkts, vom *Transport* bis zu den einzelnen Produktionsschritten, die zur Fertigstellung erforderlich sind.

Mittels der beschriebenen Fertigkeiten der einzelnen Agenten läuft die eigentliche Initiierung des Produktionsprogramms mit anschließender Fertigung des gewünschten Produkts nach folgendem Schema ab (siehe Abbildung 3.7):

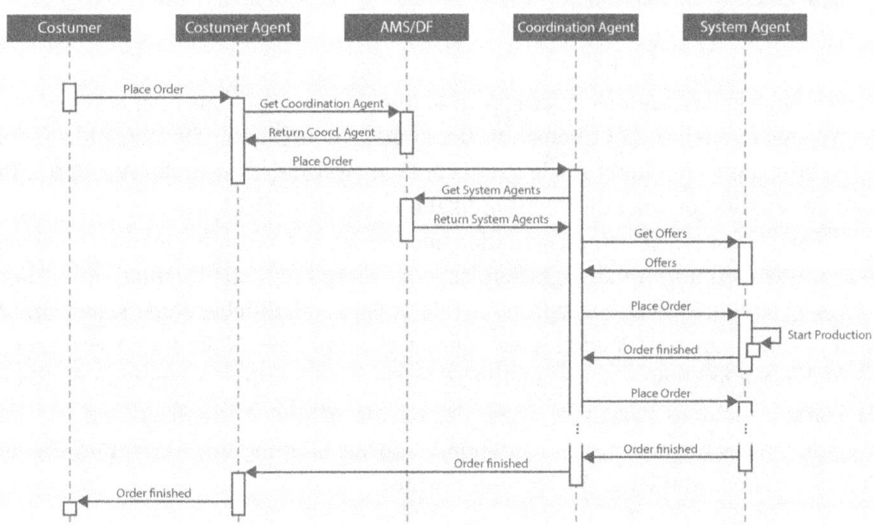

Abb. 3.7: Kommunikationsvorgänge bei der Bestellung und Fertigung eines Produkts.

1. Der *Kunde* spezifiziert das Produkt mittels einer Web-Applikation, die ihm verschiedene (domänenspezifische) Gestaltungsmöglichkeiten bei der Bestellung ermöglicht. Im Falle des oben beschriebenen „Joghurt"-Anwendungsfalls sind dies beispielsweise „Geschmack", „Topping" oder ähnliche Parameter.
2. Diese Bestellung wird nun über die MQTT-Schnittstelle in Form eines XML-Dokuments, das die spezifizierten Parameter in abstrahierter Form enthält, zum *Customer Agent* geschickt und von diesem ausgelesen.
3. Der *Customer Agent* führt mittels des *Agent Management System (AMS)* bzw. des *Directory Facilitator (DF)*, der im Rahmen des OPC-UA-Aufbaus einem *OPC UA-Discovery Server* entspricht, eine Suche nach verfügbaren Agenten durch, um den *Coordination Agent* zu identifizieren.
4. Im Anschluss decodiert der *Customer Agent* die in der Bestellung vorhandenen Informationen, verpackt diese in ein OPC-UA-Message-Objekt und schreibt dieses Message-Objekt in Form eines OPC-UA-Knotens in das Folder-Objekt des *Coordination Agent*, übersendet diesem also die Nachtricht.
5. Der *Coordination Agent* splittet die Bestellung nun in Produktionssequenzen auf und stellt diese sämtlichen übrigen Agenten zur Verfügung.
6. Gemäß der oben beschriebenen Kriterien und Fähigkeiten führen die Agenten nun jeweils die Preisbildung für alle Produktionsschritte durch.
7. Nach Abschluss der Angebotsphase werden die entsprechenden Produktionsaufträge zugeteilt und die Produktion beginnt. Die Transportvorgänge, die zwischen den Produktionsschritten durchzuführen sind, werden jeweils kurz vor Ende der einzelnen vorgelagerten Schritte angefragt und zu einem *aktuellen* Preis geordert und durchgeführt.

Nach erfolgtem Produktionsvorgang wird schließlich eine Meldung über besagte Web-Schnittstelle mittels MQTT übersandt. Der Kunde hat außerdem die Möglichkeit, den Fortschritt seines Produkts sowie sämtliche Statusveränderungen der Agenten während der Produktion über die Web-Applikation live mitzuverfolgen.

Über das vorgestellte Repräsentationsmodell der Agenten mitsamt ihrer verschiedenen Aufgaben und Abhängigkeiten ist es möglich, sämtliche Produktionsaufträge für verschiedene Produkte und Domänen über eine einheitliche, generische Schnittstelle zu mappen. Das Modell sieht hierbei ebenfalls ein *Multitasking* vor, indem sämtliche Nachrichten einen eindeutigen, nicht wiederholbaren Identifier erhalten. So können mehrere Bestellvorgänge gleichzeitig in den Agentenverbund injiziert werden, sodass die autonom ablaufende Logik zur Planung und Durchführung der Produktion noch stärker an Bedeutung gewinnt.

3.4.2 Integration des Agentenansatzes in ERP-Systeme

In einem nächsten Schritt erfolgt die Weiterentwicklung des vorgestellten Agentensystems hin zu einer nahtlosen Zusammenarbeit mit höheren Systemen der Produktionsplanung und -steuerung. In diesem Zusammenhang sind beispielsweise ERP-Systeme dazu in der Lage, dezidierte Aufgaben der Planung, der Maschinentaktung (*Job Shop Planning*) sowie weitere rudimentäre Aufgaben zu übernehmen. Hierdurch ist es möglich, eine Abkapselung derjenigen Logik-Module von den Agenten vorzunehmen, bei denen die dezentrale Auslagerung keine signifikanten Vorteile gegenüber einer zentralisierten Organisation aufweist. Die Integration höherer Systeme in den Verbund intelligenter Softwareagenten ist in Abbildung 3.8 vereinfacht dargestellt.

Die Agenten kommunizieren im Namen der jeweils repräsentierten Produktionsentitäten sowohl miteinander als auch mit höheren Systemen der Produktionsausführungsplanung wie *Manufacturing Execution Systems* (*MES*) und können so einen direkten Einfluss auf die Ablaufprogramme innerhalb von *Speicherprogrammierbaren Steuerungen* (*SPS*) Einfluss nehmen.

Um die Kommunikation mit ERP-Systemen zu ermöglichen, ist es notwendig, diese Systeme zur Kommunikation mittels OPC UA zu befähigen. Insbesondere sollen durch diese Vorgehensweise auch die ERP-Systeme adressiert werden, die keine native Unterstützung des OPC-UA-Standards aufweisen. Zu diesem Zweck kommen Schnittstellenagenten zum Einsatz, die sowohl eine direkte Kommunikation mit dem ERP wie auch mit den übrigen Agenten des MAS ermöglichen. Die interne Kommunikation mit

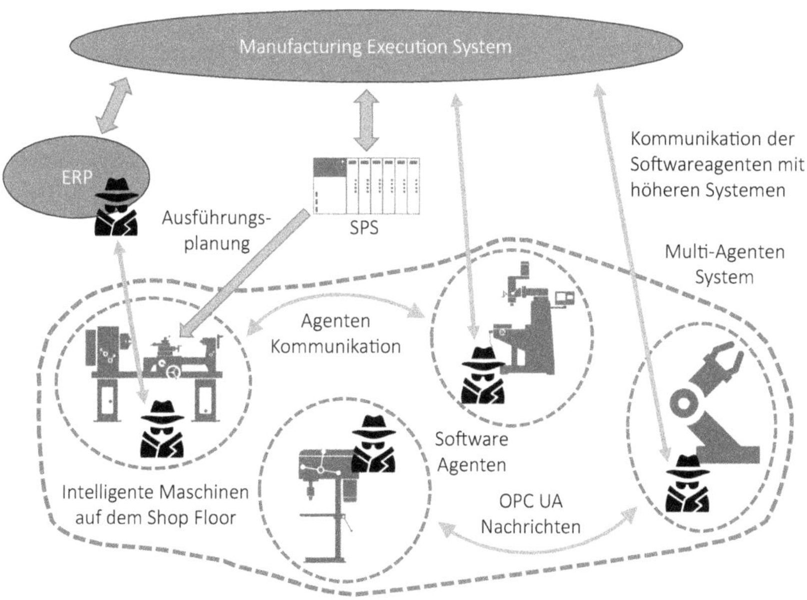

Abb. 3.8: Informationsaustausch des MAS mit höheren Systemen.

dem ERP-System findet über eine beliebig wählbare API (Application Programming Interface) statt, die in der Regel durch die Architektur des ERP-Systems vorgegeben wird. Da die Agenten aufgrund der generischen Architektur von OPC UA in nahezu jeder relevanten Hochsprache (*Java*, *C++*, *.NET*, *C#* etc.) implementiert bzw. deployed werden können, ist es möglich, diese flexibel an die Vorgaben der Drittsysteme (third-party systems) wie ERP- oder MES-Systemen anzupassen.

Im Rahmen der Entwicklung des vorgestellten Frameworks wurde ein Open-Source ERP-System, das in der Sprache *Java* implementiert ist, durch einen solchen Schnittstellenagenten ergänzt und somit in den Verbund intelligenter Entitäten integriert. In der Folge ist es möglich, sämtliche Berechnungen, die sich mit der Ressourcenplanung und verwandten Themen befassen, erfolgreich in das ERP-System auszulagern. Hierdurch gelingt die Integration von CPPS (Agenten im Verbund mit Maschinen) vollends, eine nahtlose Integration von Low-Level-Logik mit höheren Systemen der Planung und Steuerung konnte so erfolgreich realisiert und evaluiert werden.

3.5 Zusammenfassung und Ausblick

Der immense Fortschritt in digitalen Technologien und dem Internet der Dinge charakterisiert nicht nur unsere Gesellschaft, sondern insbesondere auch das technische Umfeld in Unternehmen. Trotz alledem steht die Industrie vor der großen Herausforderung, diese neuartigen Technologien erfolgreich zu integrieren, insbesondere im Sinne einer nahtlosen Zusammenarbeit. Dies schließt auch die Kommunikationsvorgänge ein, die nicht im Vorhinein vollkommen deterministisch geplant werden können. Die durch die Industrie 4.0 proklamierten Durchbrüche sind jedoch nur dann erfolgreich realisierbar, wenn eben diese natürlichsprachliche, frei zur Laufzeit definierbare Kommunikation möglich wird. Erst dann lassen sich die verschiedenartigen Technologien so miteinander in Einklang bringen, dass inhärente Effekte der Künstlichen Intelligenz durch verteilte Entitäten auch in praktischen Anwendungsfällen zur Geltung kommen.

Das im Rahmen dieser Abhandlung vorgestellte Framework setzt an diesen Herausforderungen an, in dem es mittels des vorgeschlagenen Architekturansatzes versucht, zwei grundlegend verschiedene Technologien – Schnittstellen-Standardisierung und Künstliche Intelligenz – miteinander in Einklang zu bringen. Die Vereinigung von Multiagentensystemen als dem Enabler für verteilte künstliche Intelligenz mit dem de facto Standard für Interoperabilität in modernen Produktionslandschaften OPC UA birgt das Potential, die physische Welt mit ihrem digitalen Zwilling vollends zu vereinen. Durch den vorgestellten Ansatz werden intelligente Softwareagenten zu voll vernetzten cyber-physischen Produktionssystemen und können ihre verteilte künstliche Intelligenz somit nicht nur in einem maßgeschneiderten Umfeld verwenden, sondern mit sämtlichen Systemen horizontal und vertikal integrativ nach optimalen Lösungen für Probleme in der Produktion suchen. Der Mehrwert sowie die hiermit einhergehenden Potentiale für die industrielle Produktion lassen sich bereits bei Betrachtung des ERP-Agenten und seiner Integration in die Shop-Floor-Prozesse erahnen.

Zukünftige Forschungsschwerpunkte im Rahmen der integrierten Multiagentensysteme werden sich vor allem auf die Erweiterung der angewandten Intelligenzmodelle für Softwareagenten beziehen. So befinden sich momentan Machine-Learning-Algorithmen im Aufbau, die ein lernendes Verhalten der Softwareagenten zugrunde legen, um auf Basis dieses Lernens Predictive Maintenance Szenarien zu realisieren. Die Preisbildung der Agenten in der Angebotsphase eines Produktes soll somit auch durch langfristige Kenngrößen beeinflusst werden, um die Bedingungen und Anforderungen realer Produktionsumgebungen noch wirkungsvoller abdecken zu können.

Danksagung: Ein großer Dank gilt dem VDI/VDE GMA Fachausschuss 5.15 „Agentensysteme“ für die fruchtbare Zusammenarbeit im Rahmen der Weiterentwicklung des *myJoghurt*-Demonstrators an der TU München. Ein ganz besonderer Dank gilt außerdem dem Exzellenzcluster „Integrative Produktionstechnik für Hochlohnländer“ an der RWTH Aachen University, unter dessen Obhut die wissenschaftliche Ausarbeitung des vorgestellten Frameworks geschehen konnte.

Literatur

[1] Munz H. Requirements for Time Sensitive Networks in Manufacturing: Why right now? Because Industry 4.0 needs it!; 22.05.2015.

[2] Hahn C., Fischer K. Service Composition in Holonic Multiagent Systems: Model-Driven Choreography and Orchestration. In: Mařík V, Vyatkin V, Colombo AW, editors. Holonic and Multi-Agent Systems for Manufacturing. vol. 4659 of Lecture notes in computer science. Berlin, Heidelberg: Springer Berlin Heidelberg; 2007. p. 47–58.

[3] Dijkman R., Dumas M. Service-oriented Design: A Multi-viewpoint Approach. International Journal of Cooperative Information Systems. 2004; 13(04):337–368.

[4] Pardo-Castellote G., Farabaugh B., Warren R. Real-Time Innovations, editor. An Introduction to DDS and Data-Centric Communications. Available from: http://www.omg.org/news/whitepapers/Intro_To_DDS.pdf.

[5] Schleipen M. Fraunhofer IOSB, editor. Gemeinsame Arbeitsgruppe OPC UA und AutomationML – Hand in Hand zum gemeinsamen Ziel. Hannover.

[6] IEEE. IEEE Glossary: Interoperability; 2016. Available from: http://www.ieee.org/education_careers/education/standards/standards_glossary.html.

Thorsten Schöler, Sebastian Pröll, Lucas Kögel und Thomas Hanka

4 Software-Agenten zur Integration von Prozessen in der Fertigungs- und Gebäudeautomatisierung

Zusammenfassung: Software-Agenten, als dezentrale, intelligente Softwareeinheiten, eignen sich ideal um komplexe Überwachungs- und Steuerungsanwendungen für das Internet der Dinge umzusetzen. Wir stellen zwei software-agenten-basierte Anwendungsfälle aus dem Bereich Internet der Dinge vor: (1) Ein cyber-physisches Produktionssystem (CPPS) für die Produktion von individualisierten Joghurtprodukten (myJoghurt) und (2) ein Überwachungs- und Steuerungssystem für intelligente Gebäudeautomatisierung (CyPhREE). In beiden Anwendungsfällen wird eine wissensbasierte, Big-Data-Datenfluss-Architektur verwendet. Die Konzepte der vorgestellten Anwendungsfälle können mit Hilfe eines Raspberry-Pi-3-Einplatinencomputers und dem PiFace-Agent-Board nachvollzogen werden.

4.1 Einleitung

Die Begriffe Internet der Dinge und Big Data sind heutzutage in aller Munde, wenn es um die Erzeugung und Verarbeitung von großen, unstrukturierten Datenmengen in hoher Geschwindigkeit geht. Betrachtet man speziell den industriellen Bereich, so findet man Begriffe wie Industrie 4.0 oder Smart Buildings als Spezialisierung des Internets der Dinge.

Diese Art der Datenverarbeitung und -integration im Internet der Dinge ist nicht grundsätzlich neu. Speziell im militärischen Bereich existieren zahllose Ansätze und Systeme zur Datenfusion von Sensordaten zu komplexen Lagebewertungen [1]. Neu ist allerdings die leichte Verfügbarkeit dieser Technologien und Softwareumgebungen für jedermann.

Dieser Beitrag stellt zwei Internet-der-Dinge-Anwendungsfälle vor, einen im Bereich der Industrie 4.0 sowie einen zweiten im Bereich der intelligenten Gebäudeautomatisierung. An den beiden Anwendungsfällen wird gezeigt, wie aktuelle intelligente Softwareagentensysteme eingesetzt werden können, um Überwachungs- und Steuerungsprozesse umzusetzen. Obwohl die eingesetzte Software über eine große Spezialisierung und Komplexität verfügt, kann diese nicht nur auf industriellen Steuerungsgeräten, sondern auch auf breit verfügbarer, regulärer Massenhardware eingesetzt werden.

Nachdem die Anwendungsfälle vorgestellt wurden, werden die eingesetzten Softwarearchitekturen und -technologien vorgestellt. Anschließend werden die mit den vorgestellten Technologien und Konzepten umgesetzten Prozesse vorgestellt. Abschließend werfen wir einen Blick auf das verwendete Datenmodell und die Ansätze

https://doi.org/10.1515/9783110527056-004

zur Datenauswertung. Vor der Zusammenfassung und dem Ausblick, beschreiben wir kurz, wie Teile der vorgestellten Software auf einem Einplatinencomputer (Raspberry Pi mit PiFace-Agents-Modul) praktisch selbst nachvollzogen werden können.

4.2 Anwendungsfälle

Aus der großen Menge der Anwendungsfälle des Internets der Dinge sollen in diesem Beitrag zwei herausgegriffen werden: Ein cyber-physisches Produktionssystem (CPPS) sowie ein verteiltes, intelligentes System für Smart Buildings.

4.2.1 Cyber-physisches Produktionssystem (myJoghurt)

Der myJoghurt-Demonstrator ist eine verteilte Testumgebung für cyber-physische Produktionssysteme (CPPS)[1]. Im myJoghurt-Demonstrator werden personalisierte Joghurtprodukte mit kleinen Losgrößen produziert. Abbildung 4.1 zeigt einen Überblick über die beteiligten Projektpartner.

Die über ganz Deutschland verteilten myJoghurt-Fertigungsstätten sind untereinander durch ein Softwareagentensystem verbunden. Neue Fertigungsaufträge werden beispielsweise über eine Webseite (gehostet am Institut für Automatisierungstechnik und Softwaresysteme der Universität Stuttgart) in Auftrag gegeben. Die Unterverteilung der Fertigungsaufträge über das Internet auf die angeschlossenen Fertigungsstätten erfolgt am Lehrstuhl für Automatisierung und Informationssysteme an der Technischen Universität München. Über diese Verteilung erhält beispielsweise die Fertigungsstätte in der Forschungsgruppe Verteilte Systeme an der Hochschule Augsburg einen Fertigungsauftrag für ein spezielles, hoch individuelles Joghurtprodukt.

Die Fertigungsstätte in Augsburg wird durch ein Fertigungsanlagenmodell nachgestellt (siehe Abbildung 4.2). Das Modell bildet eine typische industrielle Produktionsumgebung nach, auf der alle benötigten Fertigungsprozesse detailgetreu nachgebildet werden können. Auf Sensor-/Aktorebene verhält sich das Modell wie eine reale industrielle Fertigungsanlage. Als universelle Werkstücke kommen Holzquader mit metallischen Markern zur Erkennung durch die magnetischen Näherungssensoren sowie einem aufgeklebten RFID-Tag zum Einsatz. Im myJoghurt-Anwendungsfall entspricht ein solches Werkstück etwa einem zu produzierenden Gebinde Joghurt (Einzelbehältnis oder Palette).

Auf Feld- und Steuerungsebene verfügt das Modell über linux-basierte, eingebettete Steuerungsrechner für dezentrale Sensorik, Aktorik und Identifikation (RFID). Auf der Leitebene werden Einplatinencomputer (Raspberry Pis) eingesetzt, um die

1 Mehr Informationen zum myJoghurt-Demonstrator auch unter http://i40d.ais.mw.tum.de/index/industrie/l/de_DE (Zuletzt abgerufen am 12. September 2016)

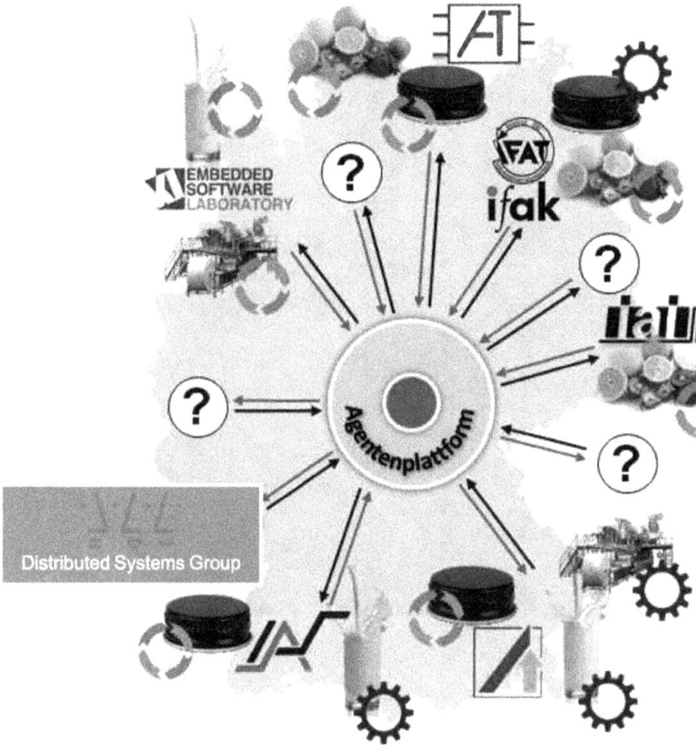

Abb. 4.1: Softwareagentenbasiertes, verteiltes Produktionssystem myJoghurt (Abbildungsquelle: [2]).

Fertigung zu überwachen und zu koordinieren. Die Leitrechner kommunizieren mit den Feldrechnern über industrielles Ethernet und MQTT[2]. Auf Betriebsleit- sowie Unternehmensebene kommen Standard-Industrie-PCs, Desktop-PCs und mobile Endgeräte zum Einsatz.

Wie mit dem Fertigungsauftrag in Augsburg auf Softwareseite weiter verfahren wird, zeigt die Software-Architektur in Abbildung 4.3, welche die Ansätze aus [3] ergänzt und erweitert.

4.2.1.1 Hardware/Software-Architektur für myJoghurt-CPPS

Als dezentrale Gegenstelle für die Auftragsverteilung fungiert ein Softwareagent, der den myJoghurt-Auftrag (codiert in JSON[3]) entgegennimmt und in das interne Fertigungssystem in Form einer MQTT-Nachricht einspeist. Über den MQTT-Broker können

2 Message Queue Telemetry Transport

3 Javascript Object Notation

Abb. 4.2: Modell einer Fertigungsanlage für Industrie-4.0-Anwendungen.

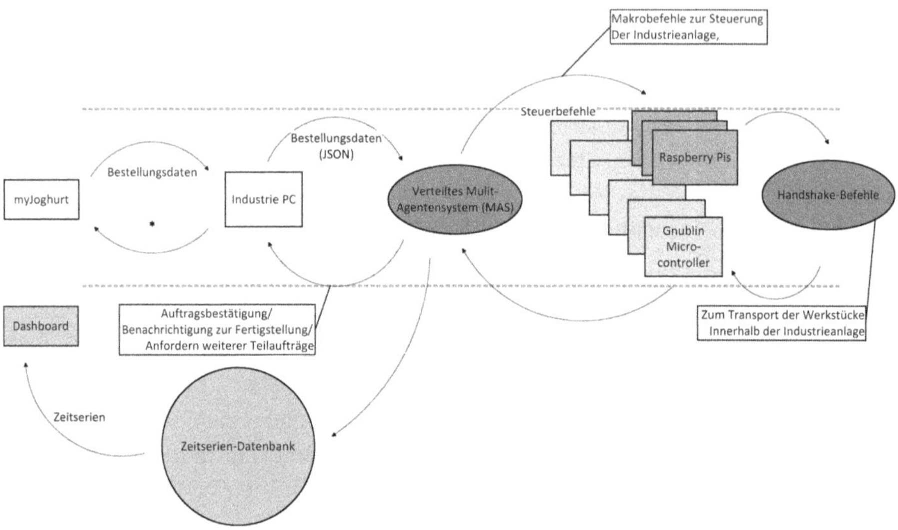

Abb. 4.3: Software-Architektur für myJoghurt-CPPS.

alle an Fertigungsaufträgen interessierten Softwareagenten diese Fertigungsaufträge entgegennehmen.

Die konkrete Umsetzung der Fertigungssteuerung im Softwareagentensystem wird später ausführlicher beschrieben (siehe Abschnitt 4.5.1). Hierbei wirken zahlreiche Softwareagenten (z. B. Contact-Agent, Order-Agent, Routing-Agent, Machine-Agenten, RFID-Agenten sowie Workpiece-Agenten) zusammen und koordinieren die einzelnen Verfahrensschritte selbstständig bis zur Fertigstellung des Produktes. Alle Softwareagenten können für Ihre Arbeit auf ein semantisches Modell mit u. a. Informationen über die Fertigungsanlage und Joghurtproduktion (OWL-DL-Ontologie) zurückgreifen. Auf das Datenmodell wird ebenfalls später noch einmal genauer eingegangen (siehe Abschnitt 4.4.1).

Diese Softwareagenten kommunizieren (ebenfalls über MQTT) mit Einplatinencomputern (Gnublins[4]), welche als dezentrale Steuerungen direkt mit den Sensoren und Aktoren des Fabrikanlagenmodells verbunden sind. In Abbildung 4.2 können im Vordergrund die Aktoren, realisiert durch Miniaturmotoren (inklusive Schneckenantrieb und Zahnrad), sowie die Metallannäherungssensoren (zylindrisch, montiert mit Sechskantmutter) erkannt werden.

Für eine Nachverarbeitung und Integration der Fertigungsabläufe werden die Sensorwerte und Metainformationen (beispielsweise die Laufzeit eines Joghurt-Rührgeräts) bei der Produktion, auf speziellen MQTT-Topics veröffentlicht, wo sie von einem Agenten aufgesammelt und in eine Zeitseriendatenbank abgespeichert werden. Über eine dedizierte Schnittstelle kann eine Internet-der-Dinge-Dashboard-Anwendung auf diese Werte zugreifen und diese in angemessenen Diagrammdarstellungen visualisieren.

Neben dem Industrie-4.0-Anwendungsfall myJoghurt, wird die vorgestellte Softwarearchitektur ebenfalls zur Datenintegration und -auswertung in der intelligenten Gebäudeleittechnik eingesetzt. Einen Einblick in das CyPhREE-Projekt gibt der nachfolgende Abschnitt.

4.2.2 Cyber-Physical [Objects for] Renewable Energies and Environment (CyPhREE)

Das hochauflösende Monitoringsystem ist dabei so aufgebaut, dass verschiedene Teilprojekte modular hinzugefügt werden können. Die Basis dabei bildet ein agentenbasiertes CPS, welches die Sensormesswerte mittels Complex Event Processing

4 Gnublins sind eingebettete Einplatinencomputer mit geringerer Leistung im Vergleich zu Raspberry-Pi-Rechnern. Sie verfügen über eine ARM9-CPU, getaktet mit 180 MHz, 32 MB SDRAM und für die Geräteklasse übliche Peripherie. Als Betriebssystem kommt Linux zum Einsatz. Mehr Details können unter http://en.gnublin.org/index.php/GNUBLIN-LANgefunden werden (Zuletzt abgerufen am 30. Juni 2017).

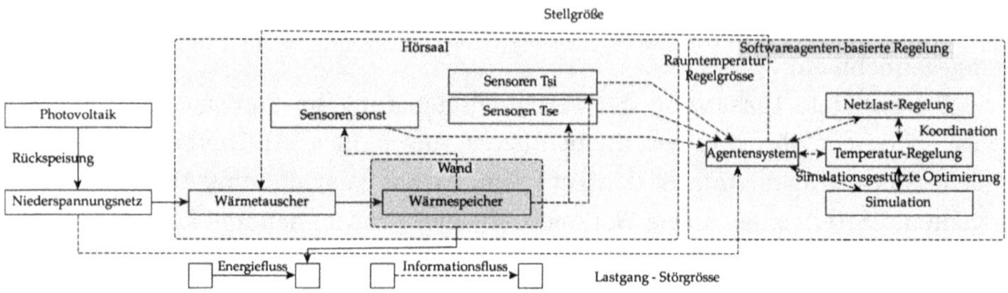

Abb. 4.4: Überwachung eines physischen Prozesses durch ein CPS [4].

(CEP)[5] verarbeitet, Aktoren ansteuert und aufbereitet in einer Zeitreihendatenbank ablegt. Dabei werden beispielsweise die unterschiedlichen Aktualisierungsintervalle der verteilten Sensoren synchronisiert, um eine Auswertung und Analyse zu ermöglichen [5, 6].

Wie das cyber-physische System einen physischen Prozess überwacht, wird in Abbildung 4.4 gezeigt.

Verschiedene Sensoren (z. B. Wandtemperatursensoren) liefern den aktuellen Zustand der physischen Welt und ermöglichen dem CPS so eine Analyse der Umgebung. Daraus kann das System ermitteln, wie auf die physischen Elemente eingewirkt werden muss, um deren Zustand zielgerichtet zu verändern (z. B. unter Einflussnahme auf Heizungs-, Lüftungs- und Klimatechnik (englisch Heating, Ventilation and Air Conditioning, HVAC)). Dies wird dem CPS über die Ansteuerung verschiedener Aktoren ermöglicht, welche die physische Welt beeinflussen. Dies ist das Grundprinzip einer Kopplung von Softwaresystem und physischer Welt über ein cyber-physisches System.

Die in Abbildung 4.5 gezeigte Hardware/Software-Architektur bildet das gesamte CyPhREE-Projekt an der Hochschule Augsburg ab. Abbildung 4.5 zeigt ebenfalls alle Messpunkte (eine Sammlung von Sensoren durch einen intelligenten Knoten, z. B. eingebetteter Rechner) des CyPhREE-Projekts (Raspberry Pis und Rechner im Kasten „Sensors + Actors“). Ein Messpunkt erfasst dabei die Messwerte mehrerer angeschlossener Sensoren und leitet diese weiter an den MQTT-Broker. Die einzelnen Verbindungen dabei sind SSL-verschlüsselt und jeder Messpunkt muss sich mit einem Nutzernamen und dem zugehörigen Passwort authentifizieren. Der MQTT-Broker überprüft bei Erhalt der Nachrichten dann zunächst, ob der Nutzername für die Erfassung der gelieferten Messwerte autorisiert ist, um fehlerhafte Aufzeichnungen zu verhindern, erst dann werden diese weitergeleitet. Zudem stellt das MQTT-Protokoll bei der Übertragung sicher, dass die Nachricht zuverlässig zugestellt wird. Doch nicht nur Sensormesswerte werden übertragen, auch die Ansteuerung der Aktoren erfolgt über diesen

5 Der Begriff Complex Event Processing wurde von David Luckham geprägt. Er beschreibt die Verarbeitung/Abstraktion von einfachen Events (z. B. Schaltvorgängen auf Feldebene) hin zu „komplexeren“ Events (wie z. B. Abschluss eines Fertigungsschrittes) [7]

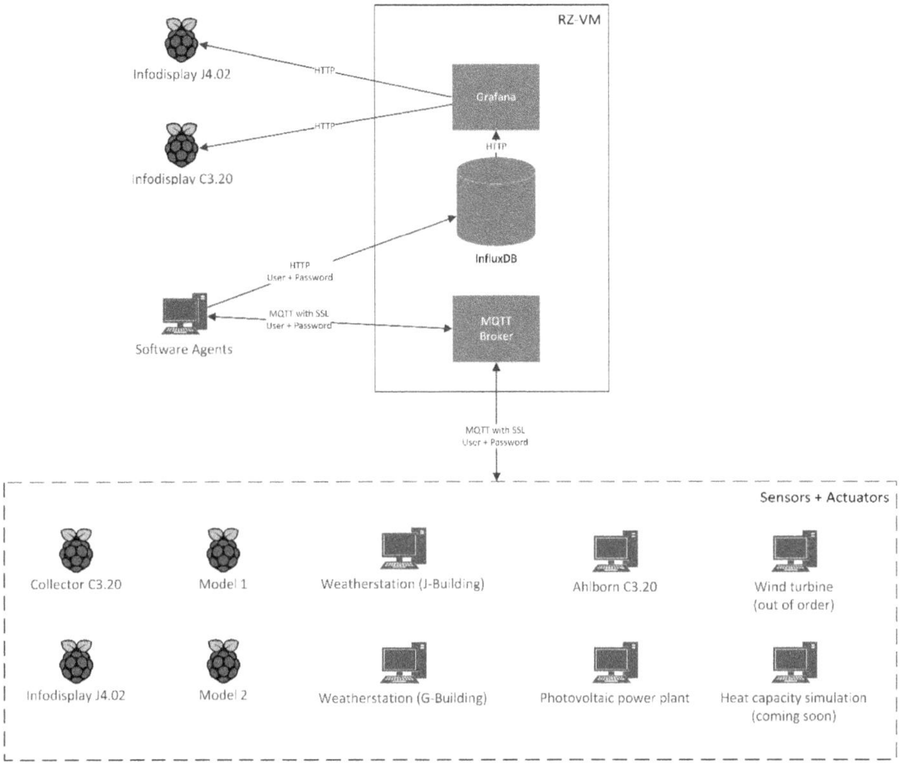

Abb. 4.5: Komponenten des CyPhREE-Projekts.

Weg. Dabei senden die Softwareagenten entsprechende Nachrichten über das MQTT-Protokoll an die betreffenden Aktoren.

Leicht zu erkennen sind alle verteilten Rechner (Raspberry Pis sind durch Himbeer-Symbole gekennzeichnet, sonstige Rechner als Rechner-Symbol), welche miteinander interagieren und das eigentliche CPS bilden. Im Mittelpunkt steht der MQTT-Broker, der die Kommunikation zwischen Sensoren und Aktoren, sowie den Softwareagenten ermöglicht. Im CyPhREE-Anwendungsfall sind die Softwareagenten zentral in einer virtualisierten Serverumgebung im Rechenzentrum platziert. Diese erledigen die Auswertung aller erfassten Sensormesswerte und legen verarbeitete Werte in einer Zeitreihendatenbank (InfluxDB[6]) ab. Die Visualisierung der Messwerte übernimmt ein Internet-der-Dinge-Dashboard basierend auf Grafana[7], welches auch auf zwei in der Hochschule angebrachten Informationsbildschirmen angezeigt wird. Ein Beispiel da-

6 Mehr Details über die verwendete InfluxDB-Zeitreihendatenbank können unter https://www.influxdata.com/gefunden werden (Zuletzt abgerufen am 30. Juni 2017).

7 Mehr Details zum IOT-Dashboard Grafana können unter https://grafana.com/gefunden werden (Zuletzt abgerufen am 30. Juni 2017)

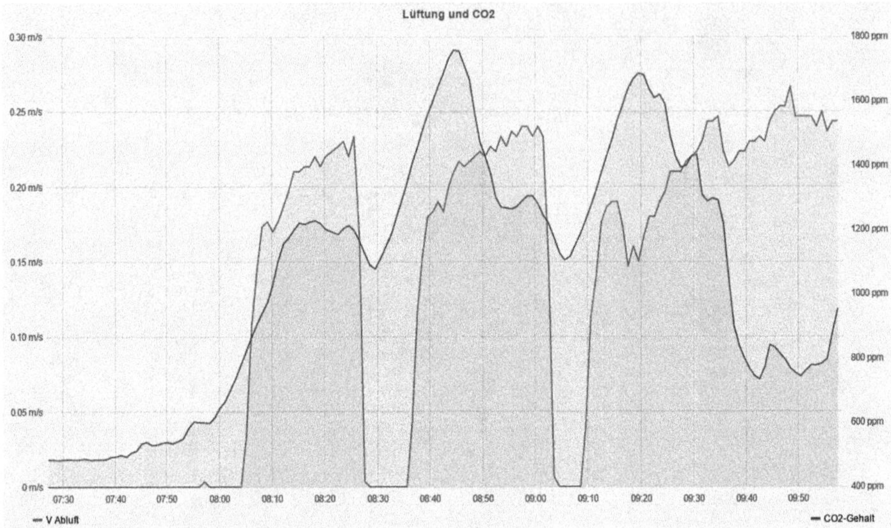

Abb. 4.6: Visualisierte Sensormesswerte des CO_2-Gehalts und der Lüftung eines überwachten Hörsaals [6].

für ist in Abbildung 4.6 gezeigt, welches den aufgezeichneten CO_2-Gehalt in einem Hörsaal und die Geschwindigkeit des Luftstroms in dessen Lüftungsanlage zeigt.

Wie nun die einzelnen Sensordaten von den Softwareagenten integriert und aufbereitet werden, zeigt detailliert der nächste Abschnitt.

4.3 Systemarchitektur zur Sensordatenfusion

Das in Abbildung 4.7 dargestellte Modell zeigt die umfangreichen Interaktionen zwischen den einzelnen Softwareagenten des CyPhREE-Projekts.

In Schritt 1 gelangen Sensormesswerte und Steuerinformationen des Smart-Grids über den MQTT-Server in Schritt 2 an den MQTT-Agenten. Dieser wiederum speist in Schritt 3 die Daten in die CEP-Engine des CEP-Agenten, welcher die Daten der einzelnen Objekte (Sensoren und Smart Grid) mit Metadaten aus einem Building Information Model (BIM) über den BIM-Agenten (Schritt A1 und A2) anreichern kann. Diese Informationen wurden zuvor im BIM von verschiedenen Disziplinen abgelegt, da dieses als zentrale Informationssammelstelle für ein Gebäude dient. Neben der Gebäudestruktur können dort auch Informationen über das HKL[8]-System oder andere elektronische Systeme abgelegt werden. Die dort abgelegten Metainformationen zu je-

8 Heizung, Lüftung, Klimatechnik

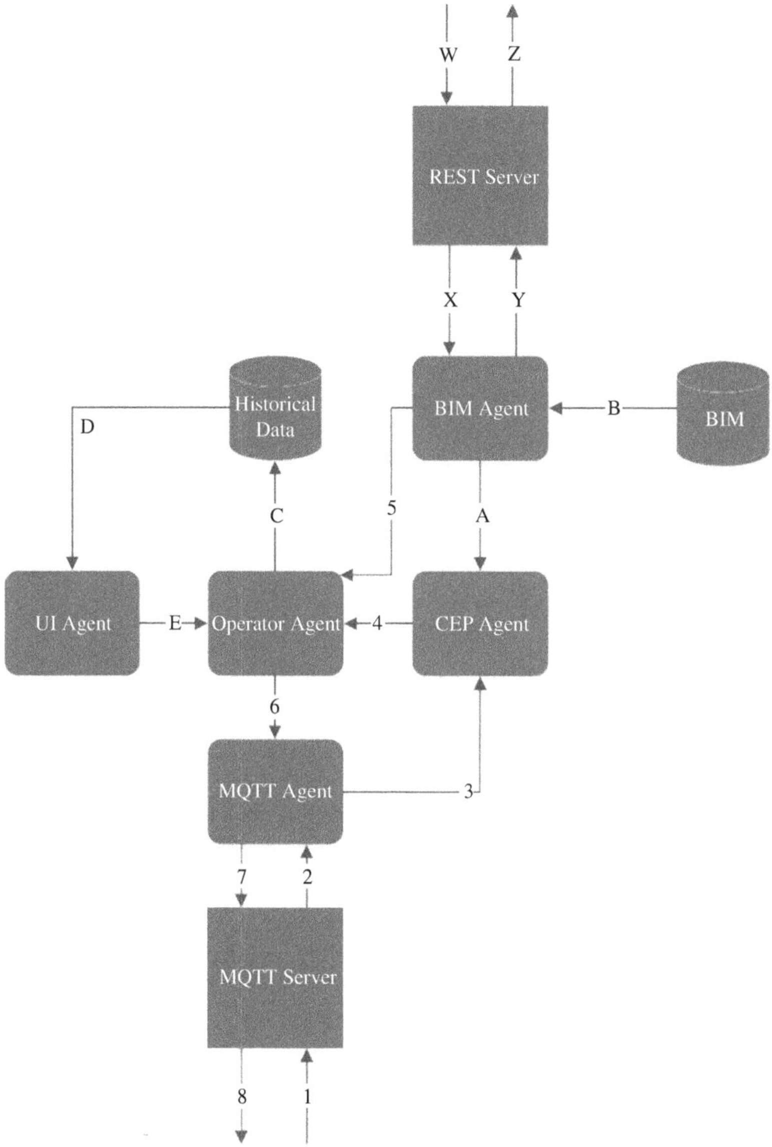

Abb. 4.7: Interaktionen zwischen den Softwareagenten im CyPhREE-Projekt.

dem Sensor können auch über einen REST[9]-Server abgegriffen werden (Schritt B1-4). Dies dient den einzelnen Sensoren zur Selbstkonfiguration, da im BIM auch Konfigurationsparameter abgelegt sind. Die CEP-Engine dagegen kann diese Sensorinforma-

9 Representational State Transfer

tionen (Objekte) verwenden, um die erhaltenen Messwerte (Daten) anzureichern und Situationen zu erkennen (siehe hierzu auch das JDL-Modell unter Abschnitt 4.6).

Um auf erkannte Situationen zu reagieren gibt der CEP-Agent dem Operator-Agenten ein Ziel in Schritt 4 vor. Dieser kann mithilfe des BIM-Agenten in Schritt 5 alle für eine Aktion relevanten Aktoren über das BIM in Erfahrung bringen. Daraufhin fertigt dieser die entsprechenden Nachrichten mit den Steuerinformationen des CEP-Agenten und den Adressierungen des BIM-Agenten an und verschickt diese über den MQTT-Agenten und den MQTT-Server an die Aktoren (Schritte 6, 7 und 8).

Neben der reinen Datenfusion und der Bearbeitung dieser Daten benötigen intelligente Software-Agenten symbolische Meta-Informationen über die erfassten Daten und die verwendeten Hardware- und Softwarekomponenten, sowohl in der Fertigungsanlage als auch im intelligenten Gebäude (beispielsweise als erweitertes BIM). Ein solches symbolisches, wissensbasiertes Informationsmodell kann als OWL-DL-Ontologie beschrieben werden. Einen Einblick in das Datenmodell gibt der nächste Abschnitt.

4.4 Datenmodell

Ein cyber-physisches System stellt spezielle Anforderungen an das zugrundeliegende Datenmodell. Dies resultiert zum einen aus der dezentralen Verwaltung des Systems und zum anderen aus der häufig heterogenen Komponentenstruktur und deren Kommunikation.

Zu den größten Hindernissen in der Entwicklung eines Modells für diese Systeme zählt die Komplexität der Komponenten. Jede dieser Komponenten, sowohl physisch als auch digital, erzeugt und/oder verarbeitet Daten, die häufig nicht für die Kooperation mit anderen Einheiten ausgelegt sind. Da der Austausch dieser Daten jedoch zu den elementaren Mechanismen zählt, ist eine eindeutige und übergreifende Kommunikationsbasis notwendig.

Ein semantisches Datenmodell stellt durch die formale Beschreibung relevanter Begriffe und Beziehungen sicher, dass mehrere Einheiten für einzelne Bereiche auf der gleichen Verständnisebene kommunizieren können. Dadurch ist es möglich, eine einheitliche Wissensbasis für das gesamte System bereitzustellen.

4.4.1 Semantisches Datenmodell

Eine solche Beschreibung kann mithilfe von OWL-DL-Ontologien erfolgen. Wird eine solche Ontologie für ein System entworfen, ist die Eingrenzung des beschriebenen Bereichs essentiell. Alle bedeutenden Begriffe müssen logisch und schlüssig formuliert werden. Dies gilt zum Beispiel für Maschinen in der Produktionskette und die verwendeten Zutaten des Produkts. Dennoch ist es sinnvoll klar zu differenzieren, ob einzelne Eigenschaften oder Beziehungen für die Ontologie benötigt werden.

Eine strikte Trennung bei der Beschreibung allgemeiner und spezifischer Begriffe bzw. Bereiche erlaubt die Erstellung von wiederverwendbaren Bausteinen, durch die eine modulare und flexible Ontologie aufgebaut werden kann. Somit können beispielsweise redundante Informationen bei der Beschreibung einzelner Maschinentypen vermieden werden.

Besonders für autonome cyber-physische Produktionssysteme ist es wichtig, dass zu jeder Zeit eine dynamische Anpassung des Verhaltens an die aktuell vorliegenden Bedürfnisse erfolgen kann. Bereits kleinste Unstimmigkeiten zwischen zwei Produktionsschritten können das gesamte System langfristig schädigen. Für dieses Verhalten ist allerdings ein weitreichendes Kontextbewusstsein von großer Bedeutung. Da in einer Produktion viele Teilnehmer vorhanden sind, die alle ihren eigenen Umwelteinflüssen ausgesetzt sind (Wartungsintervalle, Rüstzeiten, etc.), müssen viele Produktionsschritte, wie beispielsweise die Wegplanung, in Abhängigkeit von diesen Faktoren betrachtet werden. Somit stellt der Kontext ein Schlüsselelement dar, um eine selbstorganisierte und dynamische Produktion zu erreichen und eine optimale Produktionsauslastung sicherzustellen.

Durch die Verwendung einer OWL-DL-Ontologie ist es zudem möglich die logische Komplexität einzelner Agenten zu reduzieren. In einem vollständig beschriebenen Bereich kann ein OWL-DL-Reasoner, basierend auf den in der Ontologie gegebenen Informationen entscheiden bzw. urteilen. Dies ermöglicht die Beantwortung einfacher Fragen, ob beispielsweise die Anforderungen eines Auftrags einem validen Produkt entsprechen oder welche Maschinentypen ein generischer Agent vertritt.

4.4.2 Die myJoghurt-Ontologie

Für eine Ontologie der myJoghurt-Produktion (einen kleinen Ausschnitt zeigt Abbildung 4.8) ist zunächst die Identifikation der zu beschreibenden Begrifflichkeiten und Prozesse der erste Schritt. Da in einer Fertigung das Produkt eine zentrale Rolle spielt, muss entsprechendes Wissen über die benötigten Zutaten und Arbeitsschritte an das System übergeben werden.

Allein für die Auswahl eines Rohjoghurts sieht die Bestellmaske vier verschiedene Eigenschaften mit weiteren Optionen vor. Jede Kombinationsmöglichkeit ergibt eine eigene Masse, die in der Regel nicht von jeder Abfüllanlage bereitgehalten werden kann. Dieses Wissen kann in den einzelnen Maschinenagenten vorgehalten werden, wodurch allerdings die Flexibilität des Systems drastisch eingeschränkt wird. Wenn hingegen das konkrete Wissen über den Joghurt von einzelnen Agenten getrennt ist, reduziert sich die Komplexität der einzelnen Softwareagenten und ein flexibler generischer Ansatz wird ermöglicht. Durch eine korrekte Beschreibung der Bestandteile und deren Beziehungen kann die Ontologie selbstständig alle validen Kombinations-

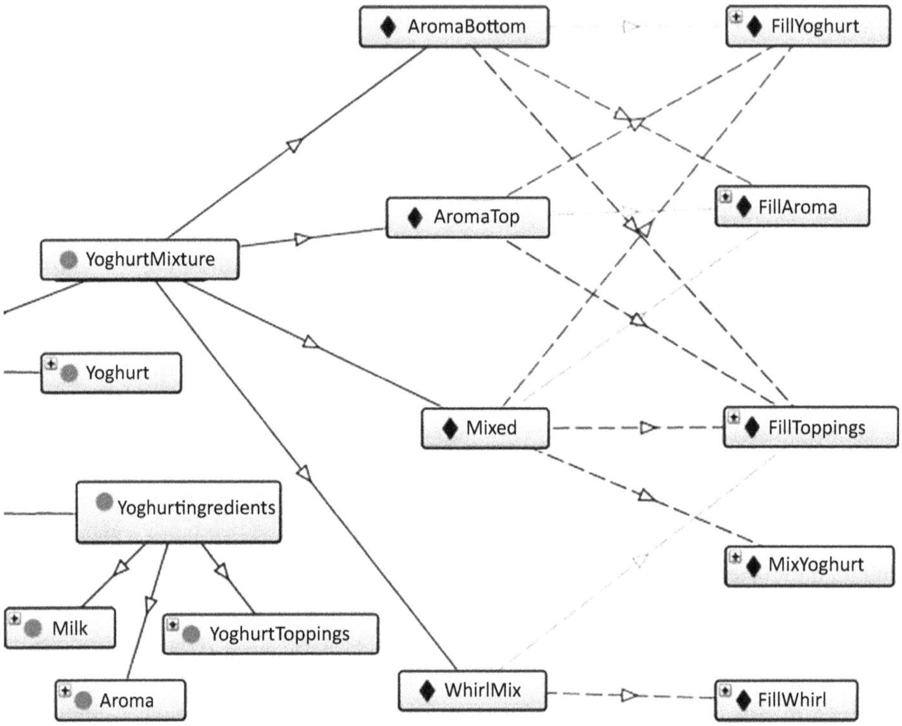

Abb. 4.8: Die myJoghurt-Ontologie.

möglichkeiten abbilden, wodurch auch eventuelle Änderungen des Angebots schnell übernommen werden können.

Aber nicht nur die Beschaffenheit der Zutaten muss in der Produktion verfügbar sein. Andere Informationen wie beispielsweise die geforderte Mischung von Joghurt und Fruchtmasse sind für die Reihenfolge der Arbeitsschritte von Bedeutung. Denn nur wenn das System eine ideale Prozessfolge aus dem Auftrag ableiten kann, ist eine optimale Auslastung der Anlage möglich. Durch die Beziehung, die der Joghurt und die Fruchtmasse in Abhängigkeit von der bestellten Mischung aufweisen, kann die entsprechende Abfüllreihenfolge durch die Ontologie abgeleitet werden. Bereits beim Eingang der Bestellung kann anhand der geforderten Mischform ein Graph erstellt werden, in dem sich die Abfolge ohne Kontextbezug abbilden lässt.

Die Verwendung eines Graphen bietet sich hierbei an, da der Prozess damit flexibel aufgebaut werden kann und jeder Knoten eine eigenständige Tätigkeit repräsentiert. Viele Arbeitsschritte müssen in keiner festen Reihenfolge erfüllt werden, während es für andere zwingend erforderlich ist. Diese Anforderungen werden durch einzelne und parallele Knoten realisiert. Da alle benötigten Informationen über die Art der Schritte und deren Reihenfolge mit dem Graphen abgebildet werden können, kann das Werkstück ohne zusätzlich notwendige Informationen über die Anlagentopologie, durch die Anlage geschleust werden. Für die einzelnen sequenziellen und parallelen Knoten werden daraufhin die entsprechenden Angebote der Maschinen eingeholt. Bei geordneten Schritten fällt die Entscheidung anhand des besten Angebots, während bei ungeordneten Schritten die erweiterte Entscheidung zwischen den Arbeitspaketen zur Prozessoptimierung beiträgt. In Abbildung 4.8 ist ein Ausschnitt der dafür verwendeten Ontologie dargestellt.

Die letzten verbleibenden Grundkomponenten sind die Maschinen und ihre Eigenschaften. Es wird ein großer Verwaltungsaufwand betrieben, um die Zutaten und Arbeitsschritte zu organisieren und abzubilden. Dennoch steckt in jeder Produktion die meiste Komplexität in den der Anlage, die die Zutaten verarbeitet und die Arbeiten durchführt. In der Realität sind die Maschinen oder Fertigungsabschnitte überwiegend hochspezialisiert und dementsprechend unflexibel, um eine maximale Produktivität garantieren zu können. Dadurch wird auch hier eine große Menge Wissen benötigt, um eine effektive Verwaltung und Durchführung der Produktion zu ermöglichen.

Informationen über die Art und Befähigung der unterschiedlichen Maschinentypen, beschrieben in der Ontologie, ermöglichen einem einfachen Agenten den Betrieb seiner zugeteilten Maschine. Somit erhalten allgemeine Werte wie die Rüstzeiten oder Füllstandgrenzen ihre endgültige Bedeutung in Abhängigkeit von den entsprechenden Maschinentypen. Durch ein entsprechendes Setup entfällt die Notwendigkeit von spezialisierten Agenten. Daten der Maschine können von der Ontologie analysiert und ausgewertet werden, wodurch beispielsweise die Überschreitung von Grenzwerten festgestellt werden kann. Dadurch kann das Produktionsverhalten flexibler an den aktuellen Kontext angepasst werden. Besonders durch die Schlussfolgerungen des OWL-Reasoners lassen sich auch unerwartete Situationen und eventuelle Fehlerfälle schneller erkennen und beheben.

Da die einzelnen Elemente der Ontologie eine zentrale und einheitliche Wissensbasis darstellen, erleichtert sich auch die Kommunikation zwischen den einzelnen Agenten. Anpassungen an den Informationen oder eine Übersetzung werden somit unnötig. Durch die Vereinfachung der Agenten, reduzieren sich die Auswirkungen von Veränderungen am logischen Modell auf ein Minimum. Aktualisierungen oder Änderungen der Wissensbasis oder der Logik sind daher bedeutend schneller und einfacher umgesetzt.

Nachdem nun die Anwendungsfälle, die Datenerfassung und das verwendete Datenmodell vorgestellt wurde, sollen im nächsten Abschnitt exemplarische Prozesse vorgestellt werden, die auf der vorgestellten Architektur umgesetzt werden.

4.5 Beispielhafte Prozesse

Wie nun auf Basis der vorgestellten Hardware-/Softwarearchitektur, der verwendeten Softwareagenten, Prozesse in den beiden Anwendungsfällen umgesetzt werden, soll in den nachfolgenden Abschnitten ausführlicher beschrieben werden. Die Integration und Auswertung der Daten führt in den Bereich der Data Science, der im Anschluss an diesen Abschnitt vorgestellt wird.

4.5.1 Softwareagentenbasierte Fertigungsplanung und -steuerung

Um die Fertigung mehrfacher Aufträge des myJoghurt-Netzwerks zu steuern, wurde, wie bereits vorgestellt, ein auf Softwareagenten basierender Ansatz gewählt. Die einzelnen Softwareagenten und deren detaillierte Kommunikation sind in Abbildung 4.9 ausführlich dargestellt.

Um die Kooperation aller Agenten zu koordinieren und zu jeder Zeit die bestmögliche Fertigung zu garantieren, wird ein Verfahren benötigt, das die bereitgestellten Ressourcen optimal verteilt. Durch das Contract-Net-Protokoll (CNP) zwischen Soft-

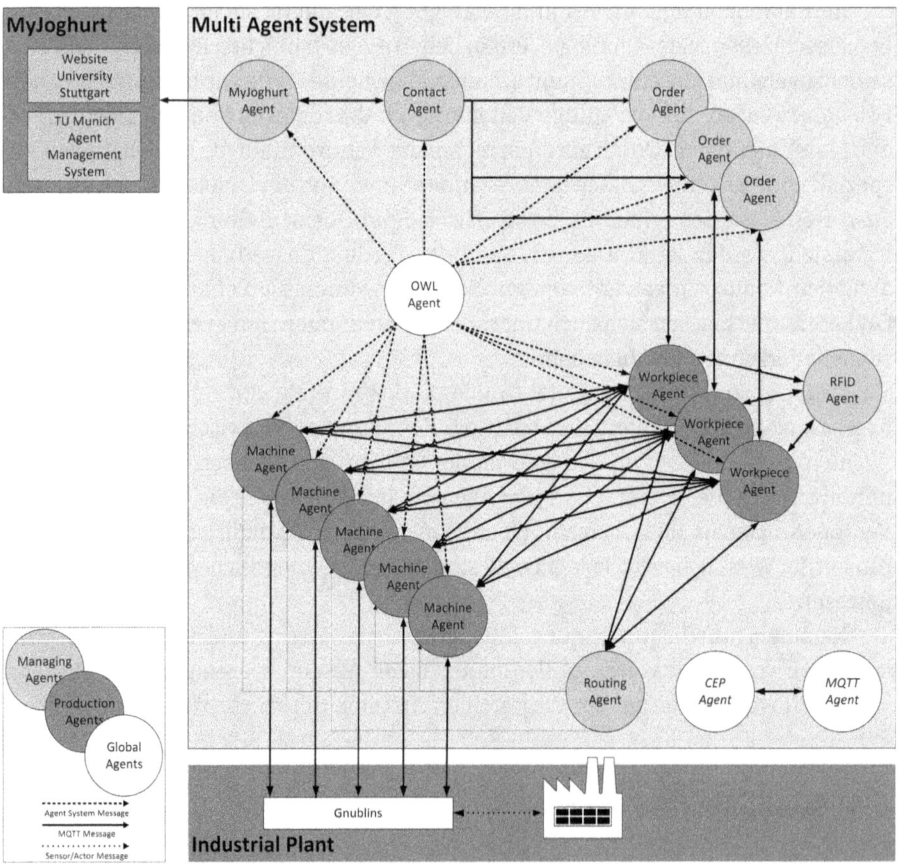

Abb. 4.9: Agentenkommunikation zur Fertigungssteuerung.

wareagenten kann eine Plattform geschaffen werden, auf der freie Fertigungskapazitäten angeboten werden und andere Akteure auf dieses Angebot zugreifen können, um temporär und auftragsgerecht ihr eigenes Fertigungsspektrum zu erweitern. Das CNP basiert auf einem Auktionsprinzip, bei dem verschiedene Teilnehmer (Participants) bei einem Auktionsinitiator (Initiator) Angebote abgeben können. Dieser bewertet nach Kriterien welches Angebot er annehmen kann [8].

Betrachten wir moderne industrielle Fertigungsstandorte, werden die Prozesse so optimiert, dass benötigte Ressourcen pünktlich bei den verarbeitenden Maschinen ankommen und Umrüst-, Wartungs- und Säuberungsarbeiten zu produktionsschwachen Zeiten durchgeführt werden. Diese Prozessstruktur verlangt gute Planung und eine enge Kommunikation aller beteiligten Akteure. Durch das CNP lassen sich diese Faktoren in auf Metriken basierte Angebote integrieren. Weitere mögliche Metriken für die CNP-unterstützte Planung sind zum Beispiel: Grad der Zuverlässigkeit, Fehlerquote, benötigte Durchschnittsproduktionszeit für ähnliche Produkte oder Umrüstzeiten.

In einem beispielhaften Durchlauft nimmt der Contact-Agent die Fertigungsaufträge aus dem myJoghurt-Netzwerk entgegen und leitet diese per MQTT an einen Order-Agenten weiter. Der Order Agent vereinzelt die einzelnen Fertigungsaufträge und instanziiert den entsprechenden Workpiece-Agenten. Die Workpiece-Agenten repräsentierten die Aufträge und sorgen für die korrekte Fertigung dieser. Jeder Workpiece-Agent bezieht sein Wissen über konkrete Fertigungsschritte und -abläufe aus der OWL-DL-Ontologie (siehe Abschnitt 4.4). Um die Fertigungsschritte durchzuführen, wird über das Contract-Net-Protokoll eine Auktion zwischen Workpiece-Agent und Machine-Agent durchgeführt. Für jeden Fertigungsschritt wird ein Proposal der relevanten Machine-Agenten eingeholt, da die einzelnen Maschinen nicht jeden Fertigungsschritt zu jeder Zeit durchführen können. Der Workpiece-Agent optimiert den Fertigungsablauf unter Berücksichtigung der Proposals und der durch z. B. Rüstzeiten entstehenden Leerlaufzeiten. Die optimale Kombination von Fertigungsschritten wird über das Contract-Net-Protokoll vertraglich gebunden (Acknowledge).

Werkstücke werden in der Anlage über die RFID-Agenten lokalisiert und über den Routing-Agent bestmöglich durch die Anlage geleitet. Im Sinne eines semantischen Produktgedächtnisses [9] werden prozessrelevante Informationen zum Werkstück über den RFID-Agenten auf die Werkstücke zurückgeschrieben. Dies unterstützt die Nachverfolgung der Fertigungsschritte sowie die Qualitätssicherung über verschiedene Fertigungsstätten hinweg.

4.5.2 Raumklimaoptimierung durch Softwareagenten

Der Prozess der Raumklimaoptimierung sorgt für ein Wohlfühlklima und steigert somit die Behaglichkeit in einem Raum. Hierbei überwachen die Softwareagenten mit ihren Sensoren die Temperatur der Luft, Luftfeuchtigkeit und den CO_2-Gehalt im Raum, um bei Abweichungen diese mit Hilfe ihrer Aktoren zu korrigieren. Hierbei können verschiedene Techniken wie z. B. ein Zweipunktregelkreis mit Hysterese oder ein PID-Regelkreis zum Einsatz kommen, aber auch neuronale Netze, die sich an das Verhalten des Raums anpassen und lernen.

Ein Teilprojekt des CyPhREE-Projekts beschäftigt sich mit der aktiven Nutzung des Speicherpotenzials der Baukonstruktion eines Gebäudes, siehe auch [4]. Hierbei wird eine thermische Simulation verwendet, um in Echtzeit abschätzen zu können wie viel Wärme- bzw. Kältespeicherpotenzial in der Baukonstruktion zur Verfügung steht. Zum Beispiel kann eine Wand aufgeheizt werden, um sie später zur Beheizung des Raums zu verwenden, da sie die gespeicherte Wärme über einen Zeitraum wieder abgibt. Somit kann die Baukonstruktion aktiviert werden und zur Klimatisierung eines Raums verwendet werden. Dies wurde im CyPhREE-Projekt in Verbindung mit erneuerbaren Energien erforscht. Da diese Energien nicht immer zur Verfügung stehen, müssen sie genutzt werden, wenn sie verfügbar sind. Dabei kann beispielsweise die Wärmekapazität der Wände eines Raums genutzt werden, welche mit erneuerbaren Energien aufgeheizt werden. Ist ein Raum zukünftig belegt, kann dieser vorzeitig aufgeheizt werden und der Wärmespeicher der Wände aktiviert werden. Wenn der Raum dann belegt ist, kann die Wärme der Wände den Raum beheizen, ohne neue Energie in den Raum einbringen zu müssen. Dies ermöglicht eine effektive Nutzung von erneuerbaren Energien. In Abbildung 4.10 wird gezeigt, wie die verschiedenen Softwareagenten eine thermische Simulation nutzen können, um eine Wand als Wärmespeicher zu verwenden.

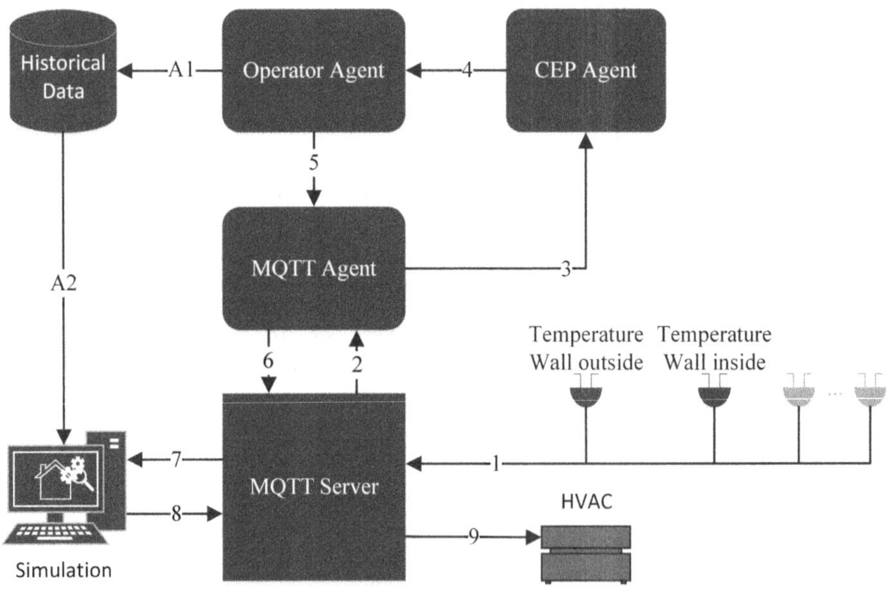

Abb. 4.10: Software-Agenten aus CyPhREE-Projekt.

In Schritt 1 liefern die Temperatursensoren an der Außen- und Innenseite der Wand stetig aktuelle Werte über den MQTT-Server an den MQTT-Agenten. Dieser wiederum liefert dem CEP-Agenten in Schritt 3 die Sensormesswerte, welcher eine CEP-Engine zur Mittelwertbildung nutzt. Dieser Wert, wird jede Minute vom Operator-Agent in einer Zeitreihendatenbank abgelegt (Schritt A1) und in Schritt 5 an den MQTT-Agent übermittelt, welcher den Wert veröffentlicht. Dort wird er an die thermische Simulation in Schritt 7 weitergegeben, welche daraufhin ausgeführt wird und einen neuen Wert für die aktuelle Wärmekapazität der Wand simuliert. Dieser wird über Schritt 8, 2 und 3 wieder in die CEP-Engine eingespeist, welche einen Stellwert für die Heizung im Raum generiert. Der Operator-Agent erzeugt damit eine Nachricht für die HVAC-Aktoren und leitet diese über Schritt 5, 6 und 9 an die entsprechende Heizung weiter. Steht dem System nun noch ein Raumbelegungsplan und die aktuelle Leistung der erneuerbaren Energien zur Verfügung, kann es diese zur prädiktiven Beheizung des Gebäudes verwenden.

Abschließend soll im nächsten Abschnitt ein Blick auf die Verarbeitung und Verdichtung der in den Anwendungen und Prozessen erfassten Daten eingegangen werden. Es soll gezeigt werden, wie eng die Begriffe Internet der Dinge und Data Science (Big Data) bereits heute verknüpft sind.

4.6 Datenauswertung

Wenn man heute von Datenauswertung spricht, spricht man fast synonym von der wissenschaftlichen Verarbeitung großer Datenmengen (Big Data). Solche großen Datenmengen entstehen in zahlreichen Anwendungen des Internet der Dinge. Der Begriff Big Data beschreibt diesen Umgang mit Daten in drei Dimensionen: (1) Datenvolumen, (2) Änderungsgeschwindigkeit (bei Transfer/Generierung von Daten), (3) Bandbreite der Datentypen und -quellen [10].

Das Datenvolumen (1) beschreibt die Eigenschaft, die heutzutage zumeist mit Big Data beschrieben wird: Exorbitant große Mengen von Daten, gemessen nicht nur in Megabyte sondern eher in Petabyte. Die Änderungsgeschwindigkeit (2) beschreibt die notwendige Bearbeitungsgeschwindigkeit. Bei Big Data geht es nicht mehr nur um die Stapelverarbeitung dieser Daten, sondern viel mehr um die Echtzeitfähigkeit (in diesem Zusammenhang ohne spürbare Verzögerungen – nicht im Sinne einer harten Echtzeitverarbeitung) der Datenerfassung und -verarbeitung. Letztendlich beschreibt (3) die Bandbreite der zur Verarbeitung herangezogenen Daten. Hier geht der Weg weg von stark strukturierten Daten, wie z. B. in Datentabellen einer relationalen Datenbank erfasst, hin zu unstrukturierten Datenströmen, wie z. B. Log-Dateien oder Twitter-Feeds.

In den in diesem Beitrag beschriebenen Anwendungen der Industrie 4.0 und intelligenten Gebäudeautomatisierung (Smart Building), werden aktuell eher kleine Datenvolumina (einige Kilo-/Megabyte) mit hoher Geschwindigkeit (ereignisbasierte Datenströme) und mittlerer Strukturierung (semi-strukturierte Ereignisse) verarbeitet. Auf Grund der geforderten hohen Verarbeitungsgeschwindigkeit und der Diversität der Datenquellen, können die Verfahren und Konzepte dem Bereich Big Data hinzugerechnet werden.

Aus Sicht der abstrakten Datenflüsse, können beide Anwendungen wie im nächsten Abschnitt beschrieben strukturiert werden.

4.6.1 Datenfluss-Architektur

Das Joint-Directors-of-Laboratories-Modell (kurz JDL-Modell) in Abbildung 4.11 beschreibt den Datenfluss in beispielhaften Anwendungen zur Datenfusion und zum Data-Mining [11].

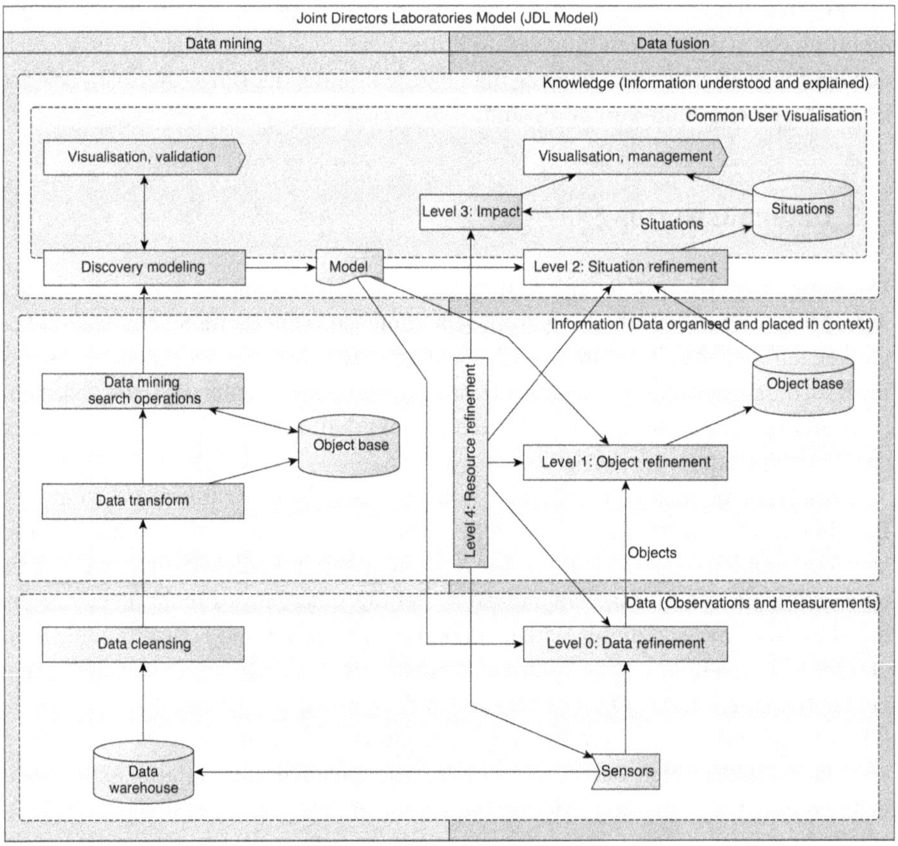

Abb. 4.11: Integriertes Modell zur Datenfusion und Data-Mining [11].

4.6.1.1 Datenfusion

Der Datenstrom zur Datenfusion beschreibt auf Level (Ebene) 0 die Erfassung von Sensordaten und die Überführung dieser in sogenannte Objektdaten. Auf Level (Ebene) 1 werden diese Informationen weiter verarbeitet und in eine Situation übersetzt, in dem sich das System aktuell befindet. Auf Level (Ebene) 2 wird die aktuelle Situation verarbeitet und dargestellt. Auf Level (Ebene) 3 werden abschließend die Auswirkungen der Situation, sowie Aktivitäten basierend auf der Situation abgeleitet. Diese Ableitung kann sowohl maschinell als auch manuell erfolgen.

4.6.1.2 Data-Mining

Neben dem Datenstrom zur Datenfusion beschreibt das JDL-Modell auch einen Datenstrom für das Data-Mining.

Die vom System generierten Daten (z. B. Sensordaten, etc.) werden in einem Data-Warehouse persistent gespeichert. Nachdem die Daten, beispielsweise von Ausreißern, bereinigt wurden und die Daten – falls notwendig – transformiert worden sind, können diese in ein Data-Mining-Framework gespeist werden. Hier werden aus den verfügbaren Daten neue Informationen abgeleitet (induktives Schließen). Diese neu generierten Informationen und Modelle können nun in einer Wissensbasis abgelegt werden (z. B. explizit in einer OWL-DL-Ontologie, einem BIM oder als implizite Gewichte in einem künstlichen neuronalen Netzwerk).

Aus diesem abgeleiteten Modell können nun in einem weiteren Schritt (Ebene 4) neue Muster zur Objekt- bzw. Situationserkennung im Datenstrom der Datenfusion abgeleitet und eingesetzt werden (beispielsweise zur Raumklimaoptimierung über den vorgestellten CEP-Agenten).

4.6.2 Anwendung des JDL-Modells auf die Anwendungsfälle

4.6.2.1 Datenfusion

Im Beispiel der myJoghurt-Fertigungsanlage generieren zahlreiche digitale Sensoren und RFID-Leser unstrukturierte Daten. Ein gutes Beispiel für die Erkennung von Objekten in der Fertigungsanlage ist das Zusammenführen der passenden digitalen, binären Sensorinformation mit korrespondierenden RFID-Tags eines Werkstücks. Hieraus kann der aktuelle Standort sowie der weitere Weg eines Werkstücks in der Anlage abgeleitet werden (Objekterkennung). Beispielsweise kann aus dem zeitlich kurz nacheinander folgenden Umschalten zweier benachbarter digitaler Metallannäherungssensoren an einem Förderband, der Transport eines vorher per RFID identifizierten Werkstücks abgeleitet werden (Situationserkennung aus Objektinformationen).

Sobald der aktuelle Aufenthaltsort jedes Werkstücks bekannt ist, können daraus Blockaden von Transportbändern durch aktuell darauf befindliche Werkstücke abgeleitet werden (Auswirkungen der Situation). Diese Erkenntnisse können wiederum durch den Routing-Agenten verwendet werden, um die Werkstücke bestmöglich durch die Anlage zu leiten.

Im Beispiel des cyber-physischen Produktionssystems wird diese Objekt-/Situations-/Auswirkungserkennung mittels Complex Event Processing (CEP) durchgeführt. CEP ermöglicht die Echtzeit-Verarbeitung hochvolumiger Ereignisströme wie beispielsweise Sensordaten. Die Datenfusion und -auswertung erfolgt über deklarative Muster, ausgedrückt in einer Event Processing Language (EPL), vergleichbar mit dem Ansatz in [12].

Im Smart-Building-Beispiel wird die Objekt-/Situations-/Auswirkungserkennung ebenfalls mittels CEP durchgeführt. Aus Raumtemperatur- und Raumfeuchtemessungen kann ein intelligenter CEP-Agent für ein Wohlfühlklima im überwachten Vorlesungssaal sorgen. Im Herzen des CEP-Agenten werden zur Steuerung einfache Zweipunktregler mit Hysterese als auch PID-Regelkreis-Algorithmen verwendet.

4.6.2.2 Data-Mining

In den im Beitrag beschriebenen Anwendungsszenarien werden die Rohdaten der Sensoren in einer Zeitseriendatenbank abgelegt (vergleichbar mit dem Data Warehouse im JDL-Modell). Die Daten können auf einfache Art und Weise aus der Datenbank in die verwendeten Data-Mining- und Machine-Learning-Frameworks eingespeist werden. Diese Frameworks werden verwendet, um Situationen aus den erfassten Sensorinformationen zu klassifizieren.

Im CPPS-Anwendungsfall werden die Sensorinformationen und ein künstliches neuronales Netzwerk (Hopfield-Netzwerk) verwendet, um die Abfolge von Fertigungsaufträgen unter Berücksichtigung der notwendigen Rüstzeiten zu optimieren. Weiterhin sollen die erfassten Daten zur Vorhersage von notwendigen Wartungen herangezogen werden (Predictive Maintenance). Aus Abweichungen in den Ereignisströmen können zusätzlich verschiedene Zustände der Fertigungsanlage abgeleitet werden, beispielsweise OK, Wartung benötigt, Verklemmung, usw. Hieraus können wiederum Fehler im Fertigungsprozess vorhergesagt werden.

Im Gebäudeautomatisierungsanwendungsfall wird aktuell untersucht, ob die Zeitserien der Sensorinformationen (Raumtemperatur, Raumfeuchte, etc.) dazu verwendet werden können, Situationen wie z. B. Fenster geöffnet/geschlossen oder die aktuelle Raumnutzung (z. B. Vorlesung, Besprechung, etc.) abzuleiten.

In beiden Anwendungsfällen können die gelernten Modelle und Muster in den Datenfusionszweig zurückgespeist werden, um dort die Objekt-/Situations-/Auswirkungserkennung zu verbessern.

Die für die beiden Datenzweige Datenfusion und Data-Mining verwendeten Softwarepakete sind in Tabelle 4.1 zusammengefasst [13].

Tab. 4.1: Software-Stapel für den Datenfusions- und Data-Mining-Zweig.

Data Mining	Datenfusion
Jupiter Notebooks	Cross-Platform/Web-Benutzeroberfläche
Machine Learning (z. B. PyBrain, Blocks, Lasagne, Neuroph, etc.)	Artificial Neural Networks, CEP, Apache Hadoop, Apache Spark, etc.
TensorFlow, Theano, Apache Spark, Apache Hadoop, etc.	Multiagentensystem
Docker	Java/Python Runtime
Linux	Embedded Linux

4.7 Zusammenfassung und Ausblick

In diesem Beitrag wurden zwei Anwendungsfälle für intelligente Multi-Agenten-Netzwerke gezeigt. Es wurden beispielhafte Anwendungsprozesse vorgestellt, welche durch den Einsatz von Softwareagenten und deren dezentrale Intelligenz gewinnbringend umgesetzt werden konnten. Die Umsetzung der benötigten Funktionalitäten mittels Softwareagenten ermöglicht einerseits wiederverwendbare Komponenten (Softwareagenten) und andererseits einen klar strukturierten Systemaufbau mit klarer Verteilung der Aufgaben. Spezielles Augenmerk wurde auf die Datenverarbeitung (Big-Data-Ansätze) hinter den Anwendungsfällen gelegt. Es konnte gezeigt werden, dass die vorgestellten Anwendungsfälle mittels Massenhardware und leicht verfügbarer Open-Source-Software umgesetzt werden können. Die Brücke zwischen dem Internet der Dinge und Big Data kann bereits auf eingebetteten Systemen, ohne Rückgriff auf leistungsfähige Cloud-Systeme, geschlagen werden. Aktuelle Forschung untersucht nicht nur echtzeitfähige Korrelationssysteme zur Datenfusion sondern insbesondere auch Deep-Learning-Ansätze zur Modell- und Mustererkennung.

Literatur

[1] Hofstetter Y. Sie wissen alles: Wie intelligente Maschinen in unser Leben eindringen und warum wir für unsere Freiheit kämpfen müssen. München: C. Bertelsmann Verlag; 2014. 352 S.

[2] Vogel-Heuser B., Schütz D., Schöler T., Pröll S., Jeschke S., Ewert D., Niggemann O., Windmann S., Berger U., and. Lehmann C., (2015), Agentenbasierte Cyber-physische Produktionssysteme, atp Edition, Bd. 57, No. 9/2015, pp. 36–45.

[3] Schöler T., Ego C., Leimer J., Lieback R. Von Softwareagenten zu Cyber-Physical Systems: Technologien und Anwendungen. In: Göhner P., Herausgeber. Agentensysteme in der Automatisierungstechnik [Internet]. Springer Berlin Heidelberg; 2013 [zitiert 3. März 2014]. S. 129–49. (Xpert.press). Verfügbar unter: http://link.springer.com/chapter/10.1007/978-3-642-31768-2_8

[4] Bauer M., Schöler T., Kögel L., Schweinfest M. Agentenbasierte Steuerung von thermischer Simulation in Echtzeit. Dresden: Bausim 2016; 2016 Sep.

[5] Kögel L., Concept and Design of a Cyber-Physical System for Smart Buildings, in Applied Research Conference 2015, Nürnberg, book-on-demand Verlag, 2015, S. 72–75.

[6] Kögel L., Cyber-Physical Systems for Smart Buildings, in Applied Research Conference 2016, Augsburg, book-on-demand Verlag, 2016, S. 611–618.

[7] Luckham D., The Power of Events: An Introduction to Complex Event Processing in Distributed Enterprise Systems, 1. Aufl. Boston: Addison Wesley Pub Co Inc, 2002.

[8] d'Inverno, Mark, und Michael Luck. 1996. „Formalising the Contract Net as a Goal-Directed System". In *Agents Breaking Away*, herausgegeben von Walter Van de Velde und John W. Perram, 72–85. Lecture Notes in Computer Science 1038. Springer Berlin Heidelberg. http://link.springer.com/chapter/10.1007/BFb0031847.

[9] Seitz C. und Schöler T., An Agent-based Sensor Middleware for generating and interpreting Digital Product Memories. 2009.

[10] What Is Big Data? – Gartner IT Glossary – Big Data [Internet]. Gartner IT Glossary. 2012 [zitiert 13. September 2016]. Verfügbar unter: https://www.gartner.com/it-glossary/big-data

[11] Waltz E. L., (1998), Information Understanding: Integrating data Fusion and data Mining Processes, in Proceedings of the 1998 IEEE International Symposium on Circuits and Systems, ISCAS '98, Bd. 6, Vol. 6, S. 553–556

[12] Seel C., Schimmelpfennig J., Mayer D., Walter P. Conceptual modeling of complex events of the Internet of Things. In: eChallenges, 2010. 2010. S. 1–8. http://link.springer.com/chapter/10.1007/978-3-642-31768-2_8

[13] Schöler T., Pröll S. CPS/Data Science Approach For Smart Factory And Building Automation. Electrotechnic and Computer Systems, ONPU Odessa, Ukraine. 2016; (23 (99)).

Alexander Faul, Theresa Beyer, Matthias Klein, Desirée Vögeli, Rene Körner und Michael Weyrich

5 Eine agentenbasierte Produktionsanlage am Beispiel eines Montageprozesses

Zusammenfassung: Im Zuge der Einführung von Industrie-4.0-Lösungen in der Produktion werden Selbstorganisation und Flexibilität immer wichtiger. In diesem Beitrag wird exemplarisch anhand einer verteilten agentenbasierten Steuerung gezeigt, wie eine selbständig agierende Produktion von morgen realisiert werden kann. Hierzu wird zunächst die modular aufgebaute Produktionsanlage mit ihren Hardware- und Softwarekomponenten vorgestellt. Anschließend werden mit der Gaia-Methodik (Generic Architecture for Information Availability) die einzelnen Agenten hergeleitet und ihre Kommunikations- und Kooperationsprotokolle entworfen. Der dezentrale Ansatz unter Verwendung von Softwareagenten ermöglicht es, einzelne Module unabhängig von anderen zu entwerfen. Dies trägt zur Beherrschbarkeit des Gesamtsystems bei, da beispielsweise zur Fehlersuche nur die relevanten Agenten mit ihren Stationen betrachtet werden müssen und neue Module einfach in das Gesamtsystem integriert werden können.
Die in diesem Beitrag vorgestellte Produktionsanlage veranschaulicht modellhaft die Vorteile einer dezentralen Steuerung und zeigt, dass die Erwartungen an Industrie 4.0 mithilfe des Einsatzes von Softwareagenten erfüllt werden können.

5.1 Einleitung

Um auf die stetig steigenden Anforderungen des Kunden im Hinblick auf Produkte angemessen reagieren zu können, müssen Unternehmen flexibel und mit geringen Aufwänden auf sich verändernde Rahmenbedingungen reagieren können [1]. Veränderungen können in einer stark schwankenden Nachfrage nach bestimmten Produkten oder aufgrund dynamischer Veränderungen von Produkten im Rahmen ihres Produktlebenszyklus begründet sein. Des Weiteren werden individuell an den Kunden angepasste Produkte heutzutage als Wettbewerbsvorteil betrachtet [2]. Dem Kunden werden Möglichkeiten eröffnet, um auch kurzfristig Einfluss auf Design, Konstruktion, Produktion sowie Betrieb seines Produkts zu nehmen [3]. Diese Personalisierung spiegelt sich in einer Produktion mit stetig sinkenden Losgrößen [2] wider und führt zu gesteigerten Anforderungen an die Produktion.

Ein Unternehmen kann aus Gründen der Wirtschaftlichkeit nicht für jedes einzelne Produkt geringe Losgrößen, noch eigene Produktionsanlagen bereitstellen. Um viele, sehr unterschiedliche Produkte und Varianten mit angemessenem Aufwand produzieren zu können, ist die rekonfigurierbare Gestaltung von Produktionsanlagen

https://doi.org/10.1515/9783110527056-005

notwendig, welche auf individuelle Anforderungen einzelner Produkte zeitnah reagieren kann. Nach [4] kann nur der Wettbewerber, welcher in der Lage ist, sich schnell und effizient auf verändernde Marktbedingungen, wie wechselnde Kundenwünsche, umzustellen, erfolgreich sein. Auch lassen sich Prototypen und Kleinserien durch diese Flexibilität zu geringen Preisen realisieren. Um Reihenfolge, Anzahl und Funktionalität der Produktionsstationen aufgrund geänderter Kundenwünsche schnell zu verändern, ist es möglich, Systeme mit einer dezentralen und modularen Architektur einzusetzen [5]. Um diese Interoperabilität der einzelnen Module sicherzustellen und gleichzeitig den Implementierungsaufwand gering zu halten, ist es beispielsweise möglich, standardisierte Schnittstellen einzusetzen, um die Kommunikation zwischen einzelnen Modulen herstellerübergreifend zu realisieren. Beispielsweise wurden im EU Forschungsprojekt F^3 Factory Module in der standardisierten Größe eines Containers entwickelt und über standardisierte Schnittstellen verknüpft [6]. Die Kommunikationsfähigkeit des einzelnen Steuerungssystems ist wichtig für dezentrale Systeme, insbesondere hinsichtlich möglichen Anforderungen an die Echtzeitfähigkeit derartiger Systeme [7]. Aufgrund der hohen Komplexität der sich hierbei ergebenden Gesamtsysteme ist der Losgröße-Eins-Materialfluss für den Menschen innerhalb derartiger Strukturen in der Regel nicht mehr überschaubar. Aus diesem Grund werden Technologien zur Überwachung, Nachverfolgbarkeit sowie Zuordenbarkeit notwendig, damit die Anlage diese administrativen Aufgaben anstelle des Menschen durchführen kann.

Die unter dem Begriff Industrie 4.0 zusammengefassten Technologien, wie beispielsweise Cyber-physische Systeme (CPS), adressieren diese Anforderungen und versuchen diese umzusetzen. Ein wichtiges Merkmal dieser Vision ist, dass intelligente Produkte ihren Produktionsplan kennen und sich selbstständig durch die Produktion steuern. Die Produktionsstationen stellen einen dezidierten Funktionsumfang bereit und führen ihre Dienste nach Angaben des intelligenten Produkts aus. Im universitätsübergreifendem Projekt myJoghurt [8] wurde bereits die Vision von Industrie 4.0 aufgegriffen und exemplarisch realisiert.

Im Folgenden wird ein weiterer Demonstrator vorgestellt, welcher diese Vision anhand einer Lego-Automontage veranschaulicht.

5.2 Aufbau der Modellanlage

Um den Kundenwunsch nach individualisierten Produkten und somit im Idealfall „Losgröße Eins“ bei stabilen Kosten erfüllen zu können, ergeben sich Anforderungen sowohl an die Hard- als auch an die Software einer Anlage. In diesem Kapitel wird eine Modellanlage zur Produktion von Autos vorgestellt, die diesen Anforderungen gerecht wird. Aufgrund der geforderten Modularität und der, bedingt durch die verschiedenen Standard-Bauteile von Lego, freien Konfigurierbarkeit von Produkten, sind die Modellanlage und die zu produzierenden Autos aus Lego aufgebaut. Als Automati-

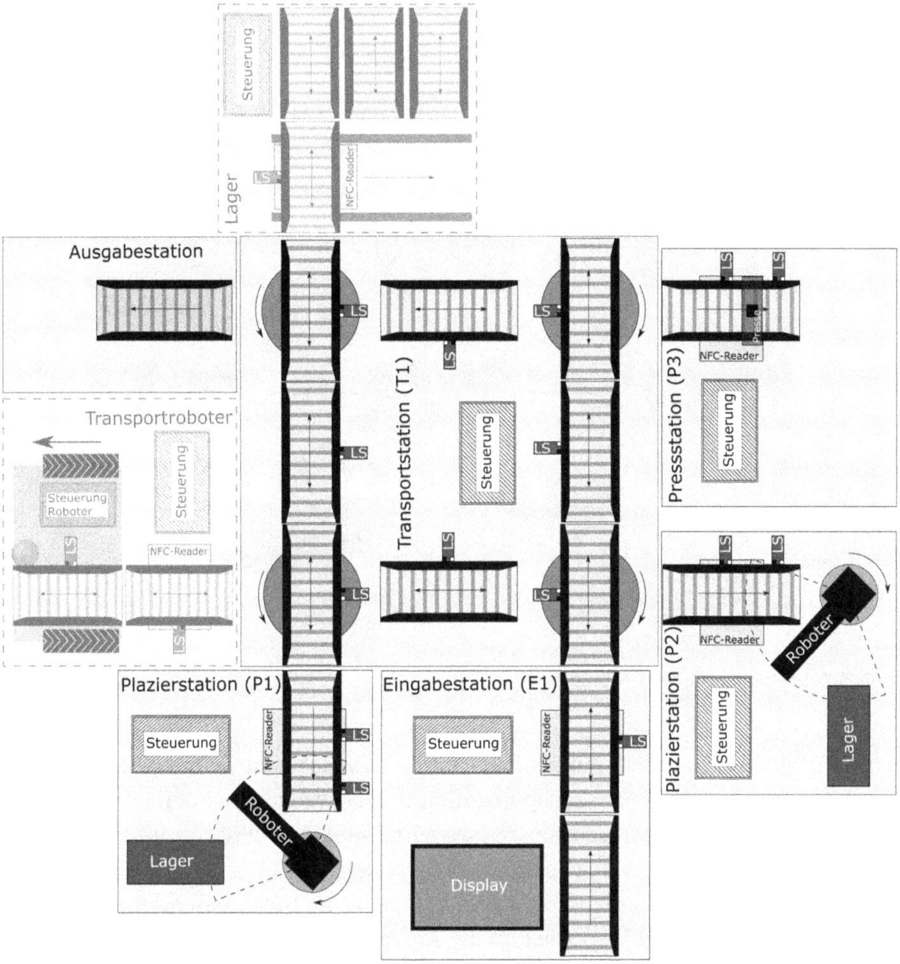

Abb. 5.1: Aufbau der Modellanlage mit angedeuteter Erweiterung: Transportroboter und Lager.

sierungshardware für die Steuerung der Anlage werden Raspberry Pis verwendet, da diese viele verschiedene Schnittstellen und eine gute Erweiterbarkeit aufweisen. In Abbildung 5.1 ist eine Gesamtübersicht der Anlage dargestellt. Diese setzt sich aus unterschiedlichen Stationen zusammen, welche einzelne Produktionsschritte oder den Transport der Produkte bewerkstelligen. Außerdem gibt es Stationen für das Starten des Produktionsablaufs und die Ausgabe des fertigen Produkts. Eine Transportstation bildet die wichtigste Komponente der Anlage, an die weitere Stationen angeschlossen werden. Die Transportstation besteht aus acht Förderbändern, wobei vier davon in Rechteckform fixiert sind, während die anderen vier Förderbänder je nach Anforderung an den Transport des Produktes rotieren können, um die festmontierten Förderbänder schließlich miteinander zu verbinden (siehe Abbildung 5.1). An

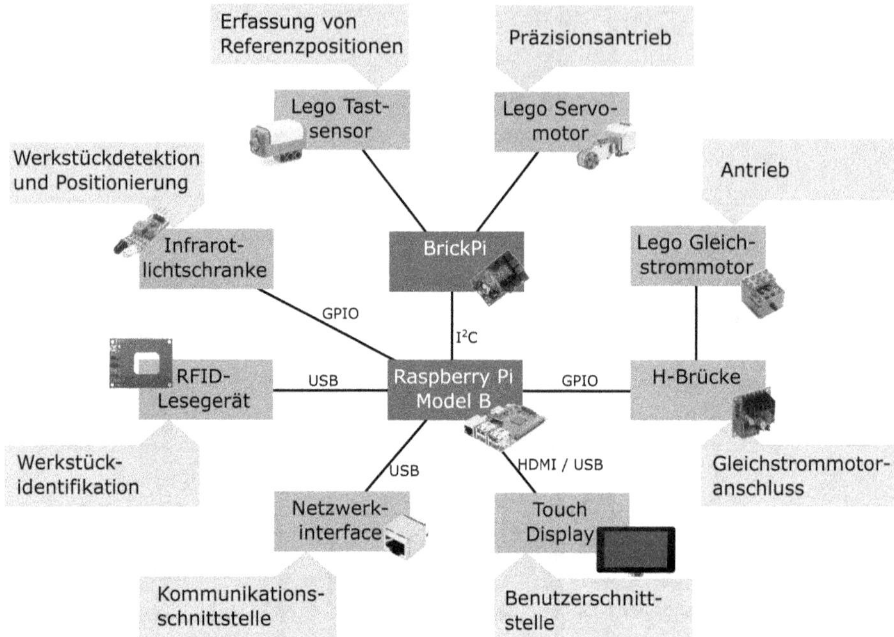

Abb. 5.2: Komponenten der Peripherie.

eine einzelne Transportstation können somit wahlweise acht weitere Stationen oder beispielsweise eine weitere Transportstation und sechs weitere Stationen an die rotierenden Förderbänder angeschlossen werden. Diese Flexibilität kann aufgrund des modularen Aufbaus der Anlage beliebig skaliert werden.

Nachfolgend wird die Produktion der Fahrzeuge im Detail beschrieben. Über die Eingabestation wird ein Werkstück in die Anlage eingebracht. Die Transportstation übernimmt den Transport zur gewünschten Produktionsstation. Im Beispiel der Automontage könnte dies eine Platzierstation sein, die einerseits für anstehende Fertigungsaufträge zur Verfügung steht und andererseits die benötigten Bauteile in ihrem Magazin lagert. Über die Förderbänder wird das Werkstück im Anschluss an eine der Platzierstationen transportiert und an das Förderband dieser Platzierstation übergeben. Die Platzierstation positioniert nach der Ausrichtung des Werkstücks die Bauteile darauf, bevor es über die Transportstation zur Pressstation gefördert wird. Hier werden die Bauteile festgepresst. Das Platzieren und Pressen wird so lange wiederholt, bis alle Arbeitsschritte abgearbeitet sind. Abschließend wird das fertige Auto zur Ausgabestation transportiert.

Da alle Stationen nach der gleichen Systematik aufgebaut sind, die sich lediglich in der angeschlossenen Peripherie und deren Aufbau unterscheidet, werden nachfolgend die Komponenten einer exemplarischen Station beschrieben. Jede Station besitzt einen Raspberry Pi als Automatisierungshardware sowie einen BrickPi, der über den

I^2C-Bus an den Raspberry Pi angebunden ist. Der BrickPi stellt eine Erweiterungsplatine für den Raspberry Pi dar, um Lego-Sensoren und Aktoren anschließen zu können. Die Komponenten der Peripherie sind in Abbildung 5.2 dargestellt.

Die geforderte Modularität wird durch den skalierbaren Aufbau Rechnung getragen. Der Aufbau der Transportstation und die Möglichkeit, beliebige Produktionsstationen anzuschließen, führen zur geforderten Flexibilität. Werden mehrere Produktionsstationen vom gleichen Typ an die Anlage angeschlossen, führt dies zu einer redundanten Auslegung der Anlage und bietet Spielraum, alternative Produktionsabläufe zu realisieren.

5.3 Agentenkonzept zur Steuerung

Zur Steuerung der gesamten Anlage wird eine Technologie benötigt, die sich für dezentrale, kooperative Systeme eignet. Da Softwareagenten diese notwendigen Eigenschaften besitzen, sollen diese zur Steuerung der Anlage eingesetzt werden. Zur Entwicklung des Agentenkonzepts wird hierbei aufgrund der überschaubaren Anzahl an Agententypen auf die Gaia-Methode (Generic Architecture for Information Availability) [9] zurückgegriffen. Diese bietet den Vorteil, dass sowohl die Mikroebene – also ein einzelner Agent – als auch die Makroebene – das Zusammenwirken der Agenten – gleichermaßen betrachtet werden können. Die Einschränkung, dass mit der Gaia-Methode nur zur Laufzeit statische Organisationsstrukturen entwickelt werden können, stellt für den Anwendungsfall der Produktionsanlage kein Hindernis dar – neue Instanzen eines Agententyps können zur Laufzeit flexibel integriert werden, solange der Agententyp bei der Entwicklung berücksichtigt wurde. Dass bei dieser Methode davon ausgegangen wird, dass die beteiligten Softwareagenten ihre eigenen Ziele denen der Gemeinschaft unterordnen, ist für das geplante kooperative System ebenfalls vorteilhaft.

Für die Produktionsanlage wurden nachfolgende Rollen identifiziert. Zur Beschreibung dieser wird das Rollentemplate von Gaia genutzt. Es enthält neben dem Rollennamen (Role Schema) eine kurze Beschreibung (Description), die verschiedenen Protocols (Interaktionen mit anderen Rollen) und Activities (Tätigkeiten) der Rolle. Auch die Berechtigungen (Permissions), beispielsweise auf welche Hardware oder Informationen zugegriffen werden dürfen, sind aufgeführt. Unter Responsibilities wird zudem zusammengefasst, welche Protokolle und Aktivitäten ausgeführt werden. Hierbei werden die Gaia-Operatoren $x.y$ (x gefolgt von y) und x^{ω} (x tritt unendlich oft auf) verwendet. Außerdem wird unter Responsibilities aufgeführt, worauf die Rolle bezüglich möglicher Sicherheitsaspekte zu achten hat, wobei *true* bedeutet, dass die Sicherheitsanforderungen implizit erfüllt werden und die Rolle somit ihrer Tätigkeit nachgehen kann.

Da das Produktionssystem aufgrund von Kundenaufträgen mit diesem kooperieren muss, ist eine weitere Kundenschnittstelle erforderlich.

Tab. 5.1: Gaia – Rollentemplate Kundenschnittstelle.

Role Schema	**Kundenschnittstelle**
Description	GUI bereitstellen, Aufträge entgegennehmen und weitervermitteln
Protocols/Activities	– GUI bereitstellen – Produktdatenentgegennahme – Bauplanerstellung – Bauplanweitergabe – (Auftrag-abgeschlossen-Info)
Permissions	Verwendung des Touch Displays
Responsibilities Liveness (Lebensablauf)	GUI bereitstellen . (Produktdatenentgegennahme . Bauplanerstellung . Bauplanweitergabe . Auftrag-abgeschlossen-Info)$^{\omega}$
Safety (Sicherheitsbelegung)	True (implizite Sicherheitsanforderungen)

Die Kundenschnittstelle, welche ein zu Anfang initialisiertes GUI enthält (GUI bereitstellen), hat die Aufgabe, Aufträge vom Kunden entgegenzunehmen (Produktdatenentgegennahme), zu verarbeiten (Bauplanerstellung) und die Informationen zur Bearbeitung weiterzugeben (Bauplanweitergabe). Des Weiteren muss sie die Information, sobald ein Auftrag abgeschlossen wurde, dem Kunden über das GUI mitteilen (Auftrag-abgeschlossen-Info). Zur Erzeugung eines GUI steht der Kundenschnittstelle das Touch-Display zur Verfügung.

Der erzeugte Bauplan wird anschließend weiterverarbeitet. Hierzu wird die Produkt-Rolle eingeführt.

Tab. 5.2: Gaia – Rollentemplate Produkt.

Role Schema	**Produkt**
Description	Kennt den aktuellen und den Soll-Zustand des Produkts. Kennt alle Bearbeitungsschritte und dazugehörige Abhängigkeiten (Reihenfolge, ...). Plant die nächsten Bearbeitungsschritte, sucht nach passenden Bearbeitern und überwacht den Fortschritt.
Protocols/Activities	– Nächsten Produktionsschritt ermitteln – Mögliche Produktionsstationen ermitteln – Durchführung verhandeln (Anfrage, Reservierung) – Abmelden bei AMS und DF sowie beenden
Permissions	Bauplanverwaltung des Produkts
Responsibilities Liveness (Lebensablauf)	(Nächsten Produktionsschritt ermitteln . Mögliche Produktionsstationen ermitteln . Durchführung verhandeln)$^{\omega}$. Abmelden der Dienste, beim Agentenmanagement sowie beenden
Safety (Sicherheitsbelegung)	True (implizite Sicherheitsanforderungen)

Die Rolle Produkt verwaltet den Bauplan eines zu realisierenden Produkts. Hierzu muss sie als erstes den nächsten Produktionsschritt ermitteln. Anschließend werden über den Directory Faciliator (DF), welcher eine Art Gelbe Seiten für das Agentensystem bereitstellt, Anbieter des benötigten Dienstes gesucht (Mögliche Produktionsstationen ermitteln). Mit den gefundenen Anbietern wird dann über die Durchführung verhandelt. Sobald eine Station zur Bearbeitung ausgewählt wurde, wird der Bearbeitungsvorgang abgewartet und der Status des Produkts aktualisiert, um den nächsten Schritt zu ermitteln. Nach dem letzten Bearbeitungsschritt, der Auslieferung an der Ausgabestation, muss sich diese Rolle selbstständig beenden.

Zur Bearbeitung des Produkts sind verschiedene Bearbeitungsstationen vorhanden. Diese Bearbeitungsstationen (Transportstation, Eingabestation, Ausgabestation, Platzierstation, Pressstation) werden zu einer Rolle zusammengefasst. Die unterschiedlichen Tätigkeiten können als Bearbeitung abstrahiert werden und werden daher von außen betrachtet gleich behandelt (Black-Box-Prinzip [10]). Die zur Bearbeitung angebotenen Dienste wiederum unterscheiden sich je nach Stationsart und können auch von unterschiedlichen Stationen derselben Art auf unterschiedliche Weise ausgeführt werden.

Tab. 5.3: Gaia – Rollentemplate Station.

Role Schema	**Station**
Description	Überwacht und steuert Bearbeitungsstation. Verhandelt mit Produkten um Bearbeitung. Ermittelt die aktuelle Position der Station innerhalb des Verbundes
Protocols/Activities	– Positionserkennung – Startposition und Funktionstest – RFID-Tag-Abgleich – Bearbeitung durchführen (Platzieren, Pressen, Transport, Drehen, Eingabe, Ausgeben) – Verhandlung über nächsten Auftrag – Produktübergabe
Permissions	Ansteuerung der Hardware der eigenen Station
Responsibilities Liveness (Lebensablauf)	Positionserkennung . Startposition und Funktionstest . (Verhandlung über nächsten Auftrag . Produktübergabe . RFID-Tag-Abgleich . Bearbeitung durchführen . Produktübergabe)$^{\omega}$
Safety (Sicherheitsbelegung)	True (implizite Sicherheitsanforderungen)

Bei Systemstart erkennt zunächst jede Station ihre Position im Gesamtsystem (Positionserkennung). Diese wird für den Transport der Produkte zu den Stationen benötigt. Des Weiteren wird ein Systemtest durchgeführt. Im Anschluss erfolgen die Einnahme der Startposition sowie eine Registrierung der jeweiligen Dienste

(Startposition und Funktionstest). Anschließend warten die Stationen auf eine Anfrage. Trift diese ein, werden Verhandlungen geführt (Verhandlung über nächsten Auftrag). Wird ein Auftrag vergeben, so werden zuerst die Produktübergabe und der RFID-Tag-Abgleich zur Kontrolle durchgeführt. Anschließend erfolgt die Bearbeitung, z. B. Platzieren, Pressen, Transport, bevor das Produkt an die nächste Station übergeben wird (Produktübergabe). Jede Station muss dazu in der Lage sein, die Hardware der eigenen Station zu kontrollieren und ihre Funktionsfähigkeit zu überwachen.

Jedes Agentensystem benötigt außerdem ein Management, das die Namen und Adressen der im System aktiven Agenten verwaltet. Jeder Agent muss sich beim Start beim Management anmelden und wird regelmäßig überprüft, ob er noch aktiv ist. Ansonsten steht das Agentenmanagement (AMS) für Anfragen nach Agenten und Adressen zur Verfügung, ähnlich den Weißen Seiten eines Telefonbuchs. Um die Dienste der Stationen im System anbieten zu können, wird der Directory Faciliator (DF), benötigt. Für weiterführende Informationen zu AMS und DF siehe [11].

Für die beschriebenen Rollen ergeben sich unter anderem die in den nachfolgen Tabellen beschriebenen Interaktionsmodelle. Bei den Interaktionsmodellen aus Gaia steht in der ersten Zeile der Name des Protokolls. In der zweiten Zeile folgen von links nach rechts der Sender der Nachricht, der Empfänger der Nachricht sowie die Informationen, die der Sender übermitteln möchte. In der dritten Zeile folgen eine Beschreibung sowie die Antwort. Verhandlungen werden hierbei aufgrund einer besseren Überschaubarkeit zu einem abstrakten Protokoll zusammengefasst, bestehen also nicht aus verschiedenen Einzelprotokollen. Allgemein gebräuchliche Protokolle, die der Koordination und dem Management des Agentensystems dienen, z. B. die Registrierung beim AMS oder die Registrierung von Diensten beim DF, werden hier nicht weiter betrachtet.

Das erste Protokoll, das betrachtet werden soll, wird dazu verwendet, die Bauplanweitergabe zu koordinieren.

Tab. 5.4: Protokoll Bauplanweitergabe.

***Protokoll:* Bauplanweitergabe**		
Initiator (Rolle): Kundenschnittstelle	*Empfänger (Rolle):* Produkt	*Input:* Bauplan
Beschreibung: Auftrag durch Bauplanweitergabe an Produkt starten.		*Output:* OK

Der Bauplan eines Produkts wird hierbei von der Kundenschnittstelle an eine neue Instanz der Rolle Produkt weitergegeben. Daraufhin findet eine Bestätigung mit Bezug auf den Erhalt des Bauplans statt. Die Ermittlung der verfügbaren Produktionsstationen, die den nächsten Bearbeitungsschritt ausführen können, wird durch die Interaktion von Produktionsstationen untereinander ermittelt.

Tab. 5.5: Protokoll Produktionsstationen ermitteln.

***Protokoll:* Produktionsstationen ermitteln**		
Initiator (Rolle): Produkt	*Empfänger (Rolle):* Gelbe Seiten (DF)	*Input:* gewünschter Dienst
Beschreibung: Nachfrage beim DF bezüglich Stationen zur Erbringung des gewünschten Bearbeitungsvorgangs.		*Output:* Liste der Agenten

Hierbei wird der gewünschte Dienst über den DF anhand der vorgegebenen Kriterien identifiziert. Den gefundenen Stationen wird durch die Interaktion „Durchführung verhandeln“ eine Anfrage mit den relevanten Bearbeitungsschrittinformationen gesendet. Diese Anfrage kann daraufhin von den Stationen angenommen oder abgelehnt werden. Hierfür spielt neben der aktuellen Auslastung der Station auch das Vorhandensein des benötigten Materials eine Rolle.

Tab. 5.6: Protokoll Durchführung verhandeln.

***Protokoll:* Durchführung verhandeln**		
Initiator (Rolle): Produkt	*Empfänger (Rolle):* Station	*Input:* Auftrag und Reservierung
Beschreibung: Anfrage bei Produktionsstation nach Position der Station, möglicher Bearbeitung und gegebenenfalls Reservierung dieser.		*Output:* Annehmen/Ablehnen und akzeptieren

Zur Weitergabe des realen Produkts von einer Station an die nächste ist eine vorübergehende Synchronisation der beteiligten Stationen erforderlich. Hierzu ist die Interaktion Produktübergabe definiert.

Tab. 5.7: Protokoll Produktübergabe.

***Protokoll:* Produktübergabe**		
Initiator (Rolle): Station	*Empfänger (Rolle):* Station	*Input:* Übergabe startet
Beschreibung: Synchrone Ansteuerung der Transportbänder sowie Abschaltung nach Übergabe des Produkts von einer Station an die nächste.		*Output:* Angekommen

Zur Übergabe müssen die benachbarten Förderbänder zeitgleich mit gleicher Geschwindigkeit laufen, um eine reibungslose Übergabe zu gewährleisten. Neben dem Start der Übergabe muss auch die Ankunft bei der neuen Station, die von den Lichtschranken detektiert wird, gemeldet werden, damit die übergebende Station weiß, dass der Vorgang erfolgreich abgeschlossen wurde.
Um zu gewährleisten, dass das Produkt das zur Rolle Produkt gehörende Werkstück ist, wird vor jedem Bearbeitungsschritt über die RFID-Auslesefunktion die ID ausgelesen und mit der des benötigten Produkts verglichen.

Tab. 5.8: Protokoll RFID-Tag-Abgleich.

***Protokoll:* RFID-Tag-Abgleich**		
Initiator (Rolle): Station	*Empfänger (Rolle):* Produkt	*Input:* ID
Beschreibung: Abgleich, ob richtiges Produkt bei Station angekommen.		*Output:* true / false

Als letzte Interaktion ist die Abmeldung zu erwähnen. Diese wird vom Produkt nach Fertigstellung und Auslieferung des Produkts aufgerufen. Hierbei meldet es sich von DF und AMS des Agentensystems ab.

Tab. 5.9: Protokoll Abmelden.

***Protokoll:* Abmelden**		
Initiator (Rolle): Produkt	*Empfänger (Rolle):* Gelbe/Weiße Seiten (DF/AMS)	*Input:* abmelden
Beschreibung: Produkt meldet sich von DF und AMS ab bevor er sich beendet.		Output: OK

Nachdem die Rollen und Protokolle definiert sind, wird in Abbildung 5.3 die Zuordnung der einzelnen Rollen auf die im System vorkommenden Agententypen vorgenommen. In diesem Fall übernimmt jeweils ein Agent eine Rolle. Manche Agentenarten kommen im System häufiger vor, wie beispielsweise der Produkt-Agent, andere sind einmalig, wie beispielsweise der Management-Agent.
Da ein Stations-Agent sehr unterschiedliche Aufgaben übernehmen kann, wie beispielsweise Platzieren, Pressen oder Transportieren, wird hier die aus der objektorientierten Programmierung bekannte Vererbung verwendet, um spezielle Agententypen ausgehend von einer generischen Agentendefinition abzuleiten. Alle Protokolle zur Interaktion mit den anderen Klassen sind im Stations-Agenten realisiert, von dem der Platzier-Agent, der Press-Agent, der Eingabe-Agent, der Ausgabe-Agent und der

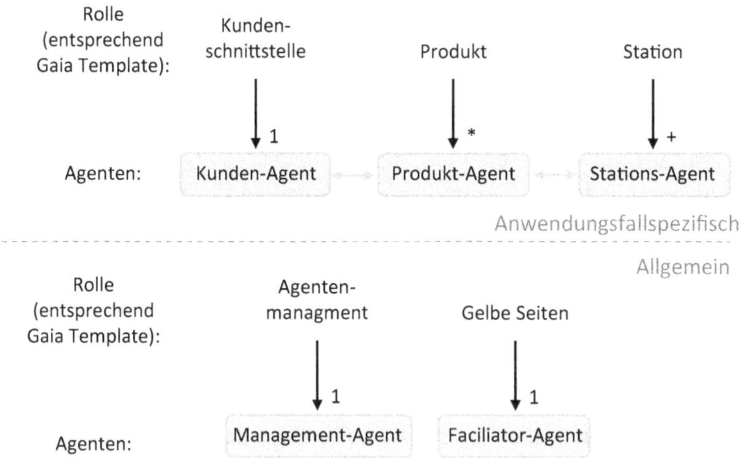

Abb. 5.3: Rollenzuordnung (schwarze Pfeile) und Bekanntschaftsmodell (hellgraue Pfeile) entsprechend der Topologie der Hard-warearchitektur.

Transport-Agent entsprechende Grundeigenschaften und Attribute erben. In diesen Agenten sind die jeweils benötigten Funktionen und Informationen, die zur Ausführung der Bearbeitung notwendig sind, enthalten. Beim Platzier-Agenten, der für eine Platzierstation verantwortlich ist, wären benötigte Informationen beispielsweise die Steinart und die Position.

Nachfolgend sind die Rollenzuordnung und das Bekanntschaftsmodell, welches die Kommunikationspfade zwischen den Agentenarten aufzeigt, aufgeführt (siehe Abbildung 5.3). Die Beziehungen zwischen dem Management-Agent und dem Faciliator-Agent werden hierbei der Übersichtlichkeit halber nicht berücksichtigt, da beide Agenten mit allen übrigen Agenten interagieren.

Nachfolgenden findet eine Beschreibung der wichtigsten Agenten-Dienste statt, die das Verhalten des Agentensystems insgesamt vorgeben. Dienste wie beispielsweise das An- und Abmelden beim Management werden hierbei außer Acht gelassen.

- **Eingabe (Dienst der Eingabestation)**
  Der Kunden-Agent bietet dem Kunden die Möglichkeit zur Auswahl und Konfiguration des Produkts mithilfe seiner grafischen Nutzungsoberfläche.
- **Transport (Dienst der Transportstation)**
  Um das Produkt von einer Station zur nächsten zu transportieren, wird der vom Transport-Agenten angebotene Dienst aufgerufen. Hierbei berechnet der Transport-Agent mithilfe eines Dijkstra-Algorithmus [12] den kürzesten Weg zwischen der Start- und Endstation um anschließend den Transport umzusetzen.
- **Drehen (Dienst der Transportstation)**
  Da Legosteine, wie zum Beispiel Lego-Fensterscheiben, eine Orientierung besitzen, kann es notwendig werden, das Werkstück zu drehen, um einen Stein an der

geforderten Position und mit der geforderten Ausrichtung zu platzieren. Dieser Dienst wird ebenfalls durch den Transport-Agenten angeboten und kann von Produkt-Agenten genutzt werden.
- **Platzieren (Dienst der Platzierstation)**
  Hierbei werden das Bauteil, dessen Ausrichtung und dessen Positionierung an einen Platzier-Agenten übergeben. Anhand dieser Vorgaben werden die gewünschten Steine an den vorgesehenen Plätzen platziert.
- **Pressen (Dienst der Pressstation)**
  Der Press-Agent bietet einen Dienst zur Pressung eines Steins an einer bestimmten Position an. Hierbei wird das Produkt an die notwendige Position gefahren und der Stein festgepresst.
- **Ausgeben (Dienst der Ausgabestation)**
  Der Ausgaben-Agent bietet einen Dienst zum Abliefern des Werkstücks bei der Ausgabestation an den Kunden an.

Die oben beschriebenen Dienste werden zur Auswahl der geeignetsten Produktionsstation für den als nächstes erforderlichen Produktionsschritt verwendet. Hierzu fragt der Produkt-Agent beim DF nach, welche Produktionsstationen den erforderlichen Dienst anbieten, um diese in der Folge zu kontaktieren. Nach der Verhandlung mit geeigneten Produktionsstationen findet die Auswahl einer Station statt. Nach der anschließenden Bearbeitung erfolgt eine Bestätigung, auf deren Basis der Bauplan beim Produkt-Agenten aktualisiert wird.

Die Umsetzung des konzipierten Agentensystems wird nachfolgend beschrieben.

5.4 Realisierung

Die Realisation des vorgestellten Agentensystems erfolgt unter Verwendung des Agentenframeworks JADE [11] für die Programmiersprache Java. Hierbei wird für jede Station eine eigene Instanz des Frameworks und somit ein eigener Container verwendet, innerhalb dessen die jeweiligen Agenten instanziiert werden. Ausgeführt werden diese Instanzen auf dem jeweiligen Raspberry Pi der Station. Dort wird die Instanz mit einem Skript in der Programmiersprache Bash automatisch beim Start ausgeführt. Dieses Skript legt zudem fest, welche Agenten innerhalb der JADE-Instanz gestartet werden und über welche IP-Port-Kombination die Agenten im lokalen Netzwerk (LAN bzw. WLAN) erreichbar sind.

Innerhalb der Agenten wird deren Verhalten durch die Agenten-Behaviours des JADE-Frameworks definiert, in denen z. B. Zustandsautomaten die Handlungsweise festlegen. Hierbei lassen sich zwei unterschiedliche Arten an festgelegten Verhaltensweisen unterscheiden: Behaviours, die das interne Verhalten einer Station definieren (Aktivität-Behaviours), sowie Behaviours, die das Verhalten in Bezug auf andere Stationen festlegen (Protokoll-Behaviours). Die Namensgebung der Aktivität-Behaviours und der Protokoll-Behaviours ist an die Rollentemplates von Gaia angelehnt.

Ein bedeutender Aspekt bei der Modellierung des internen Verhaltens ist die Steuerung der Hardware. Zu diesem Zweck werden Skripte in der Programmiersprache Python verwendet, die innerhalb des Behaviours durch einen Java System-Call aufgerufen werden. Dieser ermöglicht es, auch Rückgabewerte des Skripts zu erfassen und somit Werte von Sensoren abzufragen und darauf basierend Entscheidungen zu treffen. Diese Skripte realisieren jeweils einen dedizierten Ablauf einer nicht unterbrechbaren Tätigkeit. Dieser Ablauf kann jedoch durch sogenannte Kommandozeilenparameter, die beim Aufruf von Skripten diesen übergeben werden, angepasst werden. Ein Beispiel für eine derartige Anpassung ist das Skript zur Platzierung eines Steins in der Platzierstation. Hierbei werden die Lagerposition und die Montagehöhe des Steins dem Skript als Parameter übergeben. Zu Beginn eines jeden Skriptes werden die Bibliotheken für die Verwendung der GPIO-Pins und den BrickPi importiert sowie initialisiert.

Für das Verhalten in Bezug auf andere Stationen ist der Algorithmus, der den Nachrichtenaustausch definiert, ein essentieller Bestandteil. Ein Beispiel für einen derartigen Algorithmus ist die Kommunikation zur Koordination des Produktionsablaufs zwischen einer Produktionsstation und dem Produkt. Diese beschreibt die möglichen ankommenden und die dazugehörigen abgehenden Nachrichten. Der genaue Ablauf ist in Abbildung 5.4 dargestellt.

Für das Gesamtverhalten eines Agenten ist es notwendig, dass die Behaviours miteinander interagieren. Zum Beispiel ist es notwendig, dass bei Eingang einer Anfrage bezüglich eines bestimmten Sensorwerts von einem anderen Agenten, dieses Protokoll-Behaviour das notwendige Aktivität-Behaviour zur Ermittlung des Sensorwerts aktiviert.

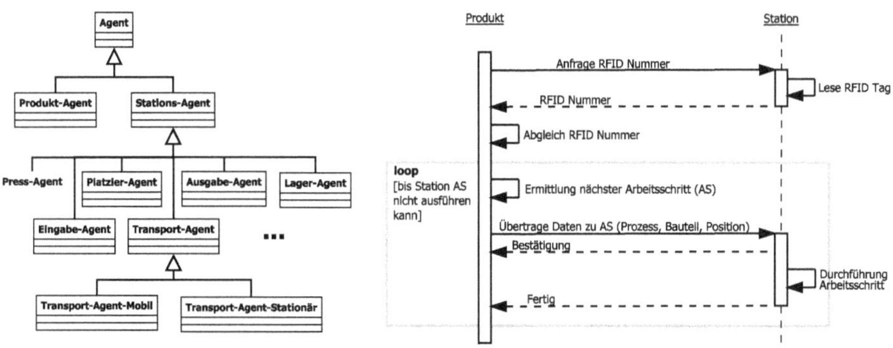

Abb. 5.4: Hierarchie der Agenten unter Einbeziehung einer angedeuteten Erweiterung (links) und eines Nachrichtenaustauschs während der Produktion (rechts).

Neben den Behaviours besitzen alle Agenten eine Liste weiterer wichtiger Konstanten, zu denen auch die Adressen des DF und des AMS Adressen gehören. Diese Liste ist als eigene Java-Klasse realisiert, was eine einfache Wiederverwendung der Liste ermöglicht.

5.5 Anwendungsbeispiel

In diesem Anwendungsbeispiel soll ein vom Kunden konfiguriertes Auto produziert werden. Die produzierende Anlage besteht aus zwei Platzierstationen (P1 und P2), einer Pressstation (P3), einer Transportstation (T1) sowie einer Eingabe- (E1) und einer Ausgabestation (A1) (siehe Abbildung 5.1). Sobald die Anlage hochfährt, melden die Stationsagenten, welche die realen Stationen repräsentieren, die von ihnen angebotenen Dienste beim DF an. Die Einträge des DF sind in Tabelle 5.10 zu sehen. Hierbei leiten sich die Agentennamen von den Stationsnamen ab.

Der Montagevorgang startet, sobald der Kunde sein Wunschauto über das Touch-Display konfiguriert hat. Per Drag und Drop können anschließend Legobausteine auf einer Grundplatte angeordnet und bestellt werden. Ein Beispiel für das fertig konfigurierte Auto ist in Abbildung 5.5 dargestellt. Die Eingaben des Kunden werden vom Kunden-Agenten entgegengenommen und an einen Produktagenten weitergegeben. Dieser erstellt daraus den Bauplan für das Auto. Der Bauplan beinhaltet die notwendigen Arbeitsschritte, deren Reihenfolge, die benötigten Bauteile und deren Farbe sowie deren Position und Ausrichtung. Die Position beschreibt hierbei die Noppenreihe,

Tab. 5.10: Einträge des DF und weitere Informationen.

Dienst	Agent	Agententyp
„Platzieren“	P1	Platzier-Agent
„Platzieren“	P2	Platzier-Agent
„Pressen“	P3	Press-Agent
„Eingabe“	E1	Eingabe-Agent
„Transport“	T1	Transport-Agent
„Drehen“	T1	Transport-Agent
„Ausgeben“	A1	Ausgabe-Agent

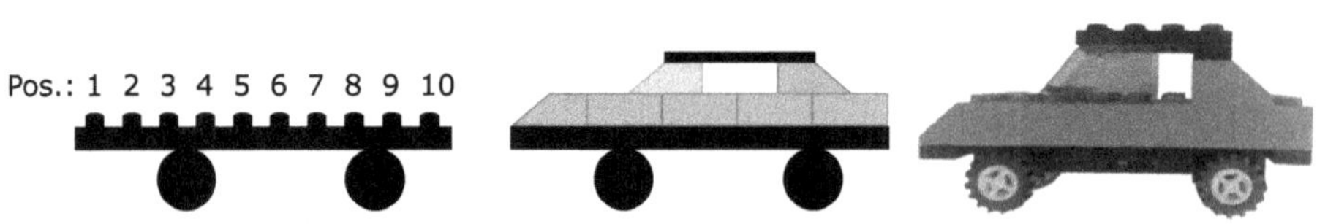

Abb. 5.5: (v. l. n. r.) Grundplatte mit Positionsnummerierung, konfiguriertes Auto und realisiertes Auto.

Tab. 5.11: Bauplan des Fahrzeugs aus Abbildung 5.5 ohne Ausrichtung der Steine.

Prozess	Bauteil-ID	Farbe	Position vgl. Abbildung 5.5	Arbeitsschritt
Platzieren	3037	Rot	1	1
Platzieren	3001	Rot	3, 5, 7, 9	2, 3, 4, 5
Pressen			2, 3, 5, 7, 9	6, 7, 8, 9, 10
Platzieren	2437	Blau	4	11
Platzieren	3037	Rot	8	12
Pressen			4, 8	13, 14
Platzieren	3031	Schwarz	5	15
Pressen			5, 7	16, 17

auf die das Bauteil platziert werden soll. Der Bauplan des konfigurierten Autos ist in Tabelle 5.11 dargestellt.

Der Produkt-Agent bestimmt mithilfe des Bauplans, welcher Arbeitsschritt als erstes durchzuführen ist. Im gegebenen Fall stellt das Platzieren des Bauteils mit der ID 3037 in der Farbe Rot den ersten Schritt dar (siehe Tabelle 5.11). Folglich fragt der Produkt-Agent beim DF an, welche Stationen den benötigten Dienst „Platzieren“ anbieten und erhält sämtliche Adressen der diesen Dienst anbietenden Agenten. An diese Agenten schickt er nun eine Anfrage, unter Aufführung des benötigten Dienstes sowie der erforderlichen Bauteile. Die Stationsagenten P1 sowie P2 erhalten die Anfrage und erstellen ein Angebot. In gegebenen Fall haben beide Platzierstationen die benötigten Bausteine auf Lager. Nachdem der Produktagent von allen Stationsagenten, die er angefragt hat, eine Antwort erhalten hat bzw. einen festgelegten Zeitraum gewartet hat, wählt er eine Station aus. Da bei P1 die Transportkosten geringer sind, sendet er eine Reservierung an P1. Die beschriebene Kommunikation ist in Abbildung 5.6 dargestellt.

Um zur entsprechenden Station zu gelangen, ist es im nächsten Schritt erforderlich, den Dienst „Transport“ auszuführen. Mithilfe des DF werden sämtliche Transportagenten ermittelt und diesen sowohl der Start- als auch der Zielpunkt sowie die benötigte Ausrichtung des Werkstücks für die Zielstation übermittelt. Da in der Modellanlage zu diesem Zeitpunkt nur ein Transportagent existiert, erhält dieser in jedem Fall den Zuschlag. Zunächst erfolgt durch den Transportagenten ein Routing mithilfe des Dijkstra-Algorithmus [12], der den Pfad des Werkstücks vom Start- zum Zielpunkt bestimmt. Um den Transport von der Eingabestation E1 zur Platzierstation P1 zu organisieren, sendet der Transportagent an den Eingabeagent eine Anfrage zur Übergabe des Werkstücks. Sobald der Eingabeagent eine Bestätigung sendet, startet dieser sein Förderband. Beim Eingang der Bestätigung startet auch der Transport-Agent das erforderliche Förderband. Mithilfe von Lichtschranken detektieren die Stations-Agenten, an welchem Ort sich das Werkstück befindet. Sobald der Transport-Agent T1 bei der entsprechenden Eingangsschranke die Übergabe des Werkstücks detektiert, sendet dieser eine Quittierung an den Agenten E1, sodass dieser sein Förderband in der Folge stoppen kann.

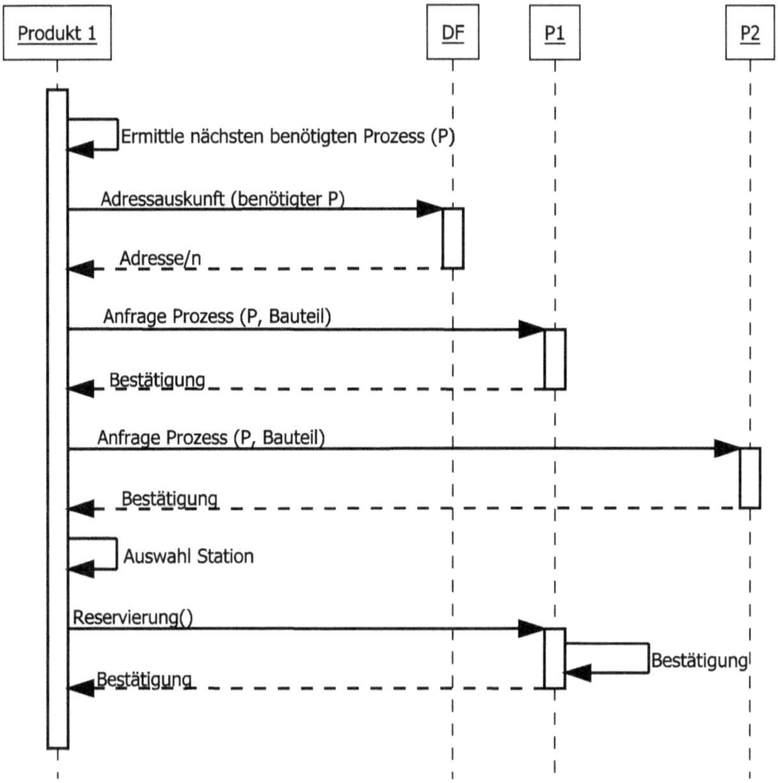

Abb. 5.6: Kommunikation zur Planung eines Produktionsschrittes.

Nach der erfolgreichen Durchführung des Transports erhält der Produkt-Agent eine Bestätigung. Daraufhin sendet der Produkt-Agent eine Prozessschrittanfrage an P1 und übergibt den Prozessschritt, das Bauteil sowie dessen Position und Ausrichtung als Parameter an P1. Mit dem Eingang der Nachricht wird der Dienst „Platzieren" vom Stations-Agenten P1 gestartet. Als erstes wird die Ausrichtung des Werkstücks überprüft und gegebenenfalls der Dienst „Drehen" beim Transport-Agenten angefragt. Bei korrekter Ausrichtung wird das Werkstück in die richtige Position gefahren und das Bauteil aus dem Lager genommen. Die richtige Position wird mithilfe der Lichtschranken und der benötigten Noppenreihe aus dem Bauplan ermittelt. Das Bauteil wird beim Erreichen der richtigen Position auf das Werkstück gesetzt und eine Bestätigung des Dienstes an den Produkt-Agenten gesendet.

Der Produkt-Agent bestimmt mit Erhalt dieser Bestätigung den nächsten durchzuführenden Prozessschritt, welcher analog zu dem oben beschriebenen durchgeführt wird. Sobald alle übrigen Schritte beendet sind und das Produkt – sprich das Auto – produziert wurde, fragt der Produkt-Agent den Dienst „Ausgeben" an. Um zu der Ausgabestation A1 zu gelangen, wird erneut der Dienst „Transport" benötigt. Mit der erfolgreichen Durchführung des Dienstes „Ausgeben“ ist die Produktion beendet und der Produkt-Agent wird nicht länger benötigt, sodass sich dieser folglich beendet.

5.6 Erweiterungen der Produktionsanlage

Die Anordnung der einzelnen Stationen innerhalb der Produktionsanlage zur Produktion von individuellen Fahrzeugen lassen sich flexibel gemäß den Anforderungen an die Produktion gestalten. Alle hierbei notwendigen Anpassungen werden von der Produktionsanlage automatisch durchgeführt. Die realisierte Anlage ist in Abbildung 5.7 dargestellt.

Durch den modularen Aufbau der Anlage können beliebig viele zusätzliche Stationen ergänzt werden. Stationen mit gleichen Funktionalitäten können die Produktionskapazität steigern bzw. sorgen für eine Redundanz bei der Auslegung der Produktion. Stationen, die andere Funktionen als die bestehenden anbieten, erhöhen die Variantenvielfalt der Produktionsanlage. Des Weiteren kann die Demonstrationsanlage um weitere Transportstation ergänzt werden, welche z. B. durch einen autonomen Transportroboter miteinander verbunden werden. Dieser Roboter transportiert die Werkstücke zwischen den Produktionssystemen (Abbildung 5.8 Links). Um die Produktvielfalt zu erhöhen, wurden weitere Platzier- und Pressstationen ergänzt (Abbildung 5.8 Mitte). Somit können breitere, längere sowie höhere Fahrzeuge hergestellt werden.

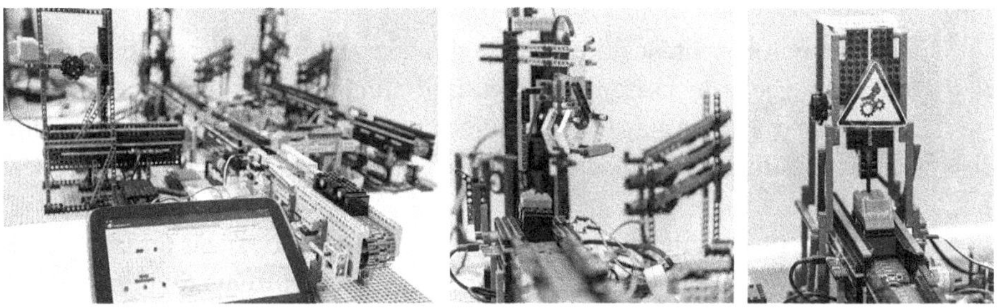

Abb. 5.7: Die realisierte modulare Produktionsanlage (v. l. n. r. Eingabestation, Platzierstation und Pressstation).

Abb. 5.8: Realisierte Erweiterungen (v. l. n. r. Transportroboter, Platzierstation und Lager).

Um eine höhere Flexibilität hinsichtlich des Scheduling zu erzeugen, wurde das bisherige FIFO-Prinzip (First In First Out) zur Vergabe der Bearbeitungsaufträge durch eine verbesserte Verhandlungsstrategie ersetzt. Diese wird von den Produkt-Agenten zum Verhandeln der Reihenfolge einzelner Aufträge anhand von Prioritäten genutzt. Jeder Kunde kann beim Beauftragen seines Produkts festlegen, wieviel Geld er investieren möchte. Die Differenz zwischen Produktionskosten und eingesetztem Investitionsmitteln verwendet der Produkt-Agent, welcher das Produkt und seinen Wert repräsentiert, um sich eine höhere Priorität bei den Bearbeitungsstationen zu verschaffen und dadurch seine Fertigstellung zu beschleunigen [13].

Im Lager (Abbildung 5.8 Rechts) können Produkte, welche z. B. aufgrund ihrer niedrigen Priorität momentan nicht bearbeitet werden, aufbewahrt werden. Dieses wird von einem Stations-Agenten verwaltet, welcher den Dienst „Lagern“ anbietet.

5.7 Fazit

Die in diesem Beitrag beschriebene Produktionsanlage für die Montage von Lego-Autos veranschaulicht Grundprinzipien von Industrie 4.0. Hierbei stehen das intelligente Produkt, die dezentrale Steuerung und der modulare Aufbau der Anlage im Vordergrund. Dies wurde durch die Nutzung des Paradigmas der Softwareagenten erreicht. Durch das strukturierte Vorgehen beim Entwurf, das durch die Gaia-Methode unterstützt wird, war eine Dekomposition des Gesamtsystems in kleinere Teilsysteme möglich.

Für die Steuerungsentwicklung der Produktionsanlage werden z. B. Stationen und Produkt in eigene Instanzen gekapselt und durch separate Agenten repräsentiert. Die Komplexität der Anlage wird dadurch überschaubarer und der gesamte Prozess zeichnet sich durch eine höhere Skalierbarkeit aus, da jeweils nur ein Teilaspekt betrachtet wird.

Die verminderte Komplexität bei Betrachtung des Gesamtsystems bringt auch bei der Fehlersuche Vorteile mit sich, da Fehler einfach auf einzelne Stationen eingegrenzt werden können, indem Stationen gegeneinander ausgetauscht werden, bis der Fehler erfolgreich lokalisiert ist. Ein Fehler, verursacht durch eine fehlerhafte Implementierung eines Kommunikationsalgorithmus, ist dagegen schwieriger zu finden, da die Kommunikation der Agenten nur implizit definiert ist und es verschiedene Beteiligte gibt. Die von JADE bereitgestellten Werkzeuge ermöglichen jedoch auch hier ein strukturiertes Vorgehen, um Fehlerursachen aufzudecken.

Zusätzlich wird durch die Agenten die Flexibilität erhöht und eine Skalierbarkeit des Gesamtprozesses einfach ermöglicht. In der Produktionsanlage äußert sich dies in der schnellen, flexiblen Integration beliebiger redundanter oder neuer Stationen. Mit den im vorherigen Kapitel beschriebenen Erweiterungen wird gezeigt, dass hierzu am bereits vorhandenen System keine manuellen Anpassungen notwendig sind. Ebenso können bestehende Stationen flexibel angeordnet werden.

Ab einem bestimmten Grad an Dezentralität übersteigen der größere Organisationsaufwand und das stark ansteigende Kommunikationsaufkommen dem Zugewinn an höherer Flexibilität. Deshalb sollte nicht jede Komponente als eigenständiges Teilsystem betrachtet werden, sondern Baugruppen von sinnvoller Größe festgelegt werden. Hierbei sollten verstärkt logisch zusammenhängende Baugruppen betrachtet werden. Zum Beispiel sollten bei der Produktionsanlage die Stationen, deren Komponenten zusammen einen Dienst anbieten können, über eine derartige Baugruppe miteinander verknüpft werden. Um eine dahingehende Verschaltung ähnlicher Dienste zu Baugruppen effizient organisieren zu können, wird der DF durch eine zentrale Instanz repräsentiert.

Die hohe Autonomie und Selbstorganisation der Produktion auf Basis der Agenten führt in vielen Fällen zu einer erschwerten Nachvollziehbarkeit von Entscheidungen für den Menschen. Eine Visualisierung der Kommunikationsabläufe kann die Nachvollziehbarkeit steigern, diese liegt verstärkt im Fokus der weiteren Forschung in Anknüpfung an die vorgestellten Arbeiten.

Die Produktionsanlage wurde größtenteils unter Verwendung von Lego aufgebaut. Ausschlaggebend für die Realisierung mittels dieser flexibel einsetzbaren Steine waren zum einen die sehr hohen Freiheitsgrade bei der Gestaltung der Anlage durch die Modularität, welche durch Lego geboten werden. Des Weiteren bietet der Hersteller eine große Auswahl an Sensoren und Aktoren zu einem relativ günstigen Preis im Vergleich zu industrieller Hardware. Allerdings hat die Realisierung mit Lego auch Nachteile. Wenngleich die Realisierung derartiger Projekte unter Verwendung von Lego einfach und funktional möglich ist, so kann aufgrund der Hardwarebeschaffenheit keine hohe Zuverlässigkeit bei Bewegungsabläufen mit geringen Toleranzen erzielt werden.

Die realisierte Anlage verdeutlicht, dass sich Softwareagenten für die Organisation dezentral aufgebauter Systeme hervorragend eignen. Da im Kontext von Industrie 4.0 der Dezentralität eine immer größer werdende Bedeutung zukommt, eröffnen sich neue Anwendungsgebiete für die Nutzung von Softwareagenten.

Literatur

[1] H. Wiendahl, H. Elmaraghy, P. Nyhuis, M. Zah, N. Duffie and M. Brieke. 2007. Changeable Manufacturing – Classification, Design and Operation. In CIRP Annals – Manufacturing Technology, 56(2): 783–809.

[2] F. T. Piller. 2006. Mass Customization – Ein wettbewerbsstrategisches Konzept im Informationszeitalter. 4th edn. Dt. Univ.-Verl Gabler-Edition Wissenschaft: Markt- und Unternehmensentwicklung, Wiesbaden.

[3] acatech – Deutsche Akademie der Technikwissenschaften e. V. 2013. Umsetzungsempfehlungen für das Zukunftsprojekt Industrie 4.0 – Abschlussbericht des Arbeitskreises Industrie 4.0. Promotorengruppe Kommunikation der Forschungsunion Wirtschaft – Wissenschaft.

[4] G. Schuh, J. Harre, S. Gottschalk and A. Kampker. 2004. Design for Changeability (DFC) – Das richtige Maß an Wandlungsfähigkeit finden. In: wt-online. 04: 100–100.

[5] W. A. Günthner and M. Wilke. 2002. Anforderungen an automatisierte Materialflusssysteme für wandelbare Logistikstrukturen. In: Tagungsband Wissenschaftssymposium Logistik der BVL 2002. Huss-Verlag GmbH, München, pp. 335–345.

[6] Abschlussbericht des F^3 Forschungsprojekts. 2014. Accessed Oktober 19, 2016. http://f3factory.com/scripts/pages/en/newsevents/F3_Factory_final_report_to_EC.pdf.

[7] R. Hensel. 2014. Der richtige Platz für die Steuerung. In: VDI Nachrichten. 46. Accessed November 14, 2014. http://www.vdi-nachrichten.com/Technik-Wirtschaft/Der-richtige-Platz-fuer-Steuerung.

[8] M. Weyrich, P. Göhner, C. Diedrich, B. Vogel-Heuser, A. Fay, M. Wollschlaeger and S. Kowalewski. 2014. Flexibles Management einer dezentralen Automatisierungsverbundanlage als Beispiel für Industrie 4.0. Automation 2014, Baden-Baden.

[9] G. Weiß and R. Jakob. 2005. Agentenorientierte Softwareenticklung. Springer, Heidelberg.

[10] O. Vogel, I. Arnold and A. Chughtai. 2009. Software-Architektur: Grundlagen – Konzepte – Praxis. Spektrum Akademischer Verlag, Heidelberg.

[11] F. Bellifemine, G. Caire and D. Greenwood. 2007. developing multi-agent systems with JADE. Wiley.

[12] E. W. Dijkstra. 1959. A note on two problems in connexion with graphs. In: Numerische Mathematik. 1–1: 269–271.

[13] M. Georg. 2016. Conception and realization of a priority scheduling mechanism in a cyber physical production system. Masterarbeit. Universität Stuttgart, Stuttgart.

Robert Brehm, Mareike Redder, Dmitry Kazakov und Cecil Bruce-Boye

6 Agentenbasierte Regelung von Energieflüssen in Verteilnetzen durch ein Softwarebussystem

Zusammenfassung: Durch den stetig wachsenden Anteil fluktuierender Energien, wird zukünftig das Balancieren zwischen Energiebedarf und -produktion eine immer größer werdende Herausforderung. Die Nutzung intelligenter Steuerungsmechanismen, dezentraler Speichertechnologien und die lokale Gruppierung von Akteuren des Energienetzes in sogenannten Mikronetzen ermöglichen eine kurzfristige Reaktion auf wetterbedingte Lastflussänderungen und eine Minimierung der Residuallast innerhalb des Netzes. Zudem kann durch eine koordinierte Speicherbewirtschaftung der Energie-Eigenverbrauchsanteil maximiert werden. Hierzu ist der Einsatz effizienter Optimierungsalgorithmen und eines vernetzten kooperativen Agentensystems innerhalb eines leistungsstarken Kommunikationsnetzwerkes notwendig.

6.1 Zukünftige Energienetze

Zunehmend sehen sich die Staaten derzeit mit der Frage konfrontiert, wie der steigende Bedarf an Energie bei gleichzeitiger Reduktion der Treibhausgasemissionen zu bewältigen sein wird. Das hat zur Folge, dass momentan und innerhalb der nächsten Jahrzehnte ein grundlegender Wandel der Energieversorgung bei zunehmender Integration erneuerbarer Energien wie Wind- und Solarenergie sowie Biogasanlagen stattfinden muss. Zentraler Bestandteil des strukturellen und technologischen Wandels im Zuge der Energiewende ist die vermehrte Nutzung dezentraler, teilweise nicht regelbarer und schwankender erneuerbarer Energien. Und gleichzeitig wird eine kontrollierte Abschaltung vorhandener zentraler Großkraftwerke, die bisher weitestgehend bedarfsgerecht und geographisch strategisch angelegt sind, angestrebt.

Der Wandel der vorhandenen zentralen Energieversorgungsinfrastruktur in Richtung einer Versorgungsstruktur aus dezentralen und fluktuierenden Energieversorgungsanlagen aus erneuerbaren Energien birgt große Herausforderungen im Bereich des Netzbetriebes, um Versorgungssicherheit und Flexibilität zu gewährleisten [1]. Laut aktueller Studie des Fraunhofer-Instituts für Solare Energiesysteme ISE, sind in Deutschland derzeit 1,5 Millionen Photovoltaikanlagen (PV) mit einer Gesamtleistung von ca. 40 GW im Netz integriert (Stand: 2015). 70 % dieser Anlagen sind im Niederspannungsnetz und 90 % im Mittel- und Niederspannungsnetz eingebunden [2]. Der große Anteil an dezentralen und erneuerbaren Energieversorgungsanlagen in den Mittel- und Niederspannungsnetzen hat zur Folge, dass es zu sogenannten wetterabhängigen Lastflüssen kommt, wenn große Mengen an Energie während der

https://doi.org/10.1515/9783110527056-006

Überproduktionsphasen in den Mittel- und Niederspannungsnetzen in die überliegenden Übertragungsnetze eingespeist wird. Daraus resultieren Überschreitungen der Grenzwerte für Spannungs- und Frequenzabweichungen [3]. Daher sieht das Erneuerbaren-Energien-Gesetze (EEG, siehe §9) seit 2012 vor, dass je nach Größe der Anlage, eine fernsteuerbare Einspeisemanagement-Vorrichtung für PV-Anlagen vorgeschrieben ist. Damit können Netzbetreiber unter bestimmten Voraussetzungen die Einspeisung dieser Anlagen abregeln oder diese komplett abschalten. Eine Abregelung bzw. Abschaltung erneuerbarer Energieressourcen, kann vor dem Hintergrund der Zielsetzung, den Anteil erneuerbarer Energien zu erhöhen, nur ein temporäres Mittel sein, bis effektivere Technologien im Bereich des Smart Grids, zur Integration erneuerbarer Energieressourcen in das vorhandene Netz zur Verfügung stehen.

Das Smart Grid ist laut Europäischer Union [4] ein intelligentes Energieversorgungssystem, welches durch bidirektionale Vernetzung intelligenter Quellen, Verbraucher, Speicher, Märkte und Infrastrukturkomponenten ein qualitativ hochwertiges und nachhaltiges sowie sicheres und stabiles Versorgungssystem bildet. Ein populäres Szenario eines zukünftigen Smart-Grid-Systems ist die virtuelle Gruppierung einer Anzahl an dezentralen Energieproduktionseinheiten, die in einem Cluster als eigenständiges traditionelles Kraftwerk arbeiten, das sogenannte Virtuelle Kraftwerk (VPP). Ein ähnliches Konzept im Kontext mit Smart Grids sind sub-autarke Mikronetze[1]. Diese Mikronetze sind idealerweise autonome Energieversorgungssysteme auf lokaler Ebene, dessen Topologie durch dezentrale Energieproduzenten, Speicher und Verbraucher geprägt wird. Die Implementierung von Mikronetzen wird motiviert durch das Ziel der Reduktion wetterabhängiger Lastflüsse und eine große Anzahl von dezentralen Erzeugungsanlagen in den Mittel- und Niederspannungsnetzen. Außerdem bietet die Topologie der Mittel- und Niederspannungsnetze eine optimale Basis, Mikronetze mit möglichst wenig Aufwand und geringen physikalischen Anpassungen zu implementieren [5]. Das lokale Energiemanagement eines Mikronetzes kann mit oder ohne überliegende Kontrollinstanz betrieben werden [6]. Eine mögliche Steuerung und Koordinierung eines Mikronetzes zur effizienten Energieverteilung bietet eine Implementierung eines Agenten-basierten Kontrollansatzes [7]. Die lokale Entscheidungsfähigkeit anhand von kognitiven Eigenschaften befähigen Agenten, auf Veränderungen im Mikronetz zu reagieren. Konzepte möglicher Kontrollansätze dezentraler Energiemanagementsysteme werden in [8, 9] präsentiert und diskutiert.

Energiemanagementsysteme gewährleisten ein Gleichgewicht zwischen Produktion und Energiebedarf. Um die bestehende Versorgungssicherheit und damit einhergehende benötigte Flexibilisierung der Energiesysteme zu ermöglichen, ist die Kopplung und gemeinsame Regelung der unterschiedlichen, bisher isoliert betrachteten Energienetze notwendig. Diese Zusammenführung birgt ein erhöhtes Potential der ökonomischen, betriebstechnischen und klimafreundlichen Optimierung. Die Koor-

1 CBB Software GmbH (2015). Subautarkie, Marke registriert beim Deutschen Patent- und Markenamt.

dination und Organisation aller Akteure ist die wesentliche Aufgabe des Energiemanagementsystems, da Entscheidungsprozesse abhängig von den jeweiligen Akteuren getroffen werden müssen. Um die zunehmende zentrale Datenaggregation zu vermeiden bzw. den Informationsfluss auf wesentliche Informationen zu beschränken bieten Steuerungs- und Regelungssysteme auf der Basis von dezentralen verteilten Architekturen großes Potential. Der technologische Wandel zur ökonomischen und betriebstechnische Optimierung der Netze erfordert eine flächendeckende Umgestaltung der Steuerungs- und Regelungsansätze.

6.1.1 Netzintegrierte sub-autarke Mikronetze

Durch die voranschreitende Dezentralisierung und einen stetig steigenden Anteil erneuerbarer Energien gewinnen Mikronetze in dezentralen und versorgungsnetz-unabhängigen Energieversorgungssystemen zunehmend an Bedeutung [10]. In der Vergangenheit haben sich Energieverbünde als zuverlässige Topologie erwiesen. So ist es keine Absicht der Dezentralisierung, eine vollständige Eigenversorgung (Autarkie) anzustreben, sondern ein sub-autarkes System entsteht zu lassen (sub-autarkes Mikronetz[2]). Mit nur einer Kopplung zur externen Energieversorgung kann ein solches Mikronetz sub-autark betrieben werden oder bei Störungen im überlagerten System von diesem vorübergehend getrennt werden [11]. Es entnimmt oder beliefert bedarfsgerecht Energie über den angebundenen Energieverbund. Energieexport und -import sowie temporärer Nullabgleich aus dem öffentlichen Netzverbund ins sub-autarke Mikronetz können durch ein virtuelles Bilanzkreis-Management-System organisiert werden. Ziel ist dabei, die ausgewogene Lastverteilung und Stabilität des sub-autarken Systems sowie des gekoppelten Energieversorgungssystems zu erreichen.

Die Steuerung der Energieflüsse in Mikronetzen sowie in konventionellen Netzen wird durch Leitsysteme koordiniert. Hierbei wird der wirtschaftlich optimale Einsatz eines Portfolios von Energieerzeugungsanlagen ermittelt. Dies dient der Deckung des Energiebedarfs auf Basis von Prognosen über einen bestimmten zeitlichen Zeitraum. Der resultierende Einsatzplan von Kraftwerken wird als Unit Commitment und die Fahrweise der zum Einsatz kommenden Kraftwerke als Dispatch des Kraftwerks bezeichnet. Bei der Lösung des zugrundeliegenden mathematischen Optimierungsproblems haben Nebenbedingungen wie Effizienzkurven von Kraftwerken, Wartungskosten, sowie viele weitere technische Faktoren als auch Vermarktungsentscheidungen an Energie-Terminmärkten großen Einfluss, sodass ein komplexes mehrdimensionales Optimierungsproblem entsteht. Optimierungsalgorithmen berechnen den optimalen Betrieb auf Basis des aktuellen Betriebszustandes unter Berücksichtigung festgelegter Nebenbedingungen.

2 CBB Software GmbH (2015). Subautarkie, Marke registriert beim Deutschen Patent- und Markenamt.

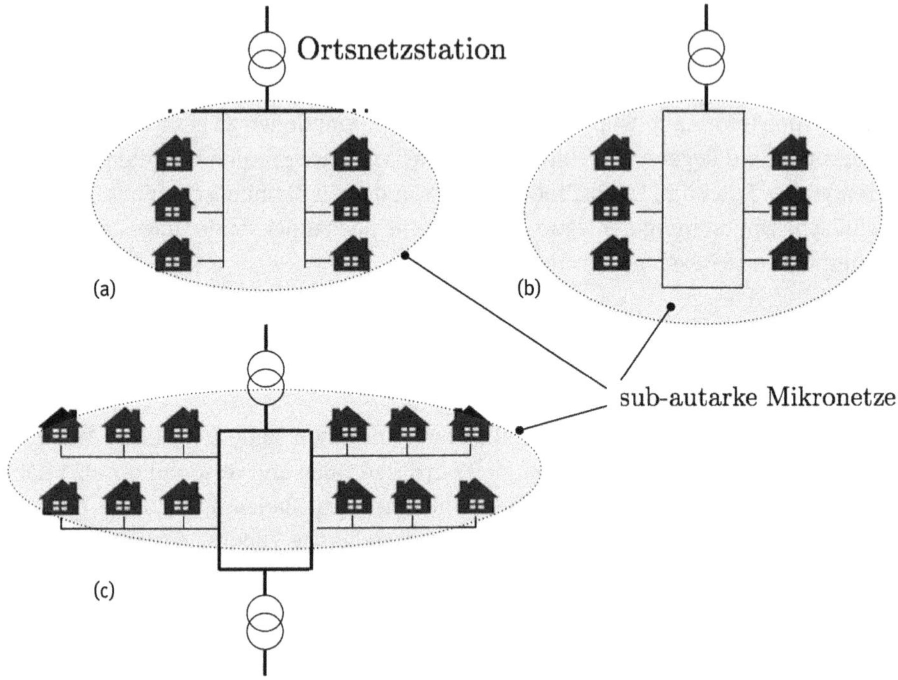

Abb. 6.1: Integration von virtuellen sub-autarken Mikronetzen in bestehende Energienetze. Hier im Radialnetz (a), Ringnetz mit einem Einspeisepunkt (b) und Ringnetz mit zwei Einspeisepunkten (c).

Die Implementierung eines netzintegrierten sub-autarken Mikronetzes (NSAM) im Niederspannungsnetz eröffnet neue Perspektiven und erhöht die Bedeutsamkeit der NSAM im Kontext der intelligenten Energienutzung. Die Installation eines NSAM im Niederspannungsnetz erfordert nur minimale infrastrukturelle Änderungen. Dieser Vorteil ergibt sich durch die bereits bestehenden Versorgungsnetztopologien der Niederspannungsebene, die als Radialnetz, Ringnetz mit einem Einspeisepunkt, Ringnetz mit zwei Einspeisepunkten oder vermaschtes Netz aufgebaut sind, siehe Abbildung 6.1. Die überliegende Kommunikationsstruktur findet durch die Energieversorgungskomponenten statt, die direkt durch steuerbare Wechselrichter, Batterieladesysteme oder verschiebbare Lasten vorgenommen wird. Hierzu werden Energieversorgungskomponenten in die vorhandene Informations- und Kommunikationsinfrastruktur eingebunden oder eine unabhängige Kommunikationsebene über Drahtlosübertragung aufgebaut, bzw. bereits vorhandene Drahtlosnetzwerke verwendet.

Halu et al. [5] präsentieren in einer umfassenden Studie die Machbarkeit und das Autarkiepotential in solargeprägten städtischen Mikronetzen basierend auf realen Daten. Darüber hinaus werden Erkenntnisse über optimale Mikronetztopologien zur Minderung der Belastung der Infrastruktur vorgestellt. Die durch Halu et al. [5]

vorgestellten Ergebnisse zeigen, dass die Implementierung von virtuellen Mikronetzen Leistungssteigerung für das Verteilnetz in Bezug auf Effizienz und Stabilität sowie Skalierbarkeit und Versorgungssicherheit ermöglichen.

Dies hat einen erleichterten Betrieb der überlagerten Energienetze zur Folge. Der Energiefluss auf Mittel- und Hochspannungsebene wird reduziert und damit auch die dort einhergehenden Transportverluste. NSAM können dynamisch angelegt werden und bestehen aus einem heterogenen Mix aus Erzeugungseinheiten, Speicherkapazitäten und Verbrauchern. Die Nutzung von NSAM hat mehrere Vorteile:
- Entlastung des Verteil- und Übertragungsnetzes
- Minderung der Übertragungsverluste durch Erhöhung des Eigenverbrauchsanteils
- Spitzenlastglättung zur verringerten Auslastung des übergeordneten Energienetzes und dadurch ein Kapazitätsgewinn an individuellen Knotenpunkten im Netz
- Verteilung und bedarfsgerechter Einsatz von Speichereinheiten
- Einfachere Anwendung von Energiemanagementkonzepten
- Partielle Autarkie vom nationalen Energienetz
- Vorhandene Infrastruktur wird genutzt.

6.1.2 Energiemanagement

Die Tatsache, dass die erzeugte Energie aus erneuerbaren Ressourcen sowie der Handel dieser in den kommenden Jahren weiterhin stark steigen wird, erfordert eine steuerungs- und schutztechnische Weiterentwicklung, um auf dynamische Schwankungen im Netz und die Dezentralisierung der Energieerzeugungsanlagen zu reagieren [7]. Dies beinhaltet Technologien zur Integration und zum Betrieb sowie zur intelligenten Steuerung von Energiespeichersystemen, um Lastspitzen im Energienetz zu minimieren, zum effizienten und intelligenten Zusammenschluss der Energieformen Wärme und Elektrizität sowie zur Laststeuerung.

All dies bedeutet, dass für die zukünftigen Energienetze ein überlagertes Kommunikationsnetzwerk zur bidirektionalen und intelligenten Interaktion der Systemkomponenten untereinander vorhanden sein muss. Verteilte Ressourcen kombiniert mit lokalen Speicherkapazitäten sind weitaus effizienter als zentrale Speichereinheiten, da die Übertragungswege auf ein Minimum reduziert werden. Bei dieser Kombination können zukünftig Energienetze vermehrt aus Niederspannungsnetzen bestehen und somit übergeordnete Netze nur zur Verbindung zu großen Energieerzeugern wie beispielsweise Wind- und Solarparks oder konventionellen Kraftwerken notwendig sein.

6.2 Koordinierte Planung verteilter Speicherkapazitäten

6.2.1 Konzept

Zur Verdeutlichung des Konzepts der Integration von sub-autarken netzintegrierten Mikronetzen in der Niederspannungsebene (siehe Abbildung 6.1) wird im Folgenden ein Szenario zur Minimierung und Korrektur des Energieflusses in ein übergeordnetes Energienetz vorgestellt. Ziel ist es, den Eigenverbrauchsanteil im Niederspannungsnetz durch die intelligente Vernetzung und den koordinierten Einsatz von verteilten Speichern zu erhöhen. Dazu wird ein intelligentes verteiltes Energiemanagementsystem (EMS) eingesetzt. Das EMS ist ein dezentrales Kommunikationssystem, welches auf der Steuerungsebene Optimierungen durchführt. Jeder EMS-Knotenpunkt ist in der Lage, Leistungsflüsse zur Be- und Entladung lokaler Speicherkapazitäten zu steuern. Dabei verfügt jeder EMS-Knotenpunkt über Vorhersagen (Prognosen) für lokale Bedarfs- und Erzeugungsprofile über den zu planenden Zeitraum. Diese können z. B. aus Standardlastprofilen und Vorhersagen von Photovoltaikerträgen (z. B. durch Wettervorhersagen) bestehen.

Alle EMS-Knoten sind an einem gemeinsamen Niederspannungsnetz angeschlossen. Abbildung 6.2 stellt das Konzept für ein solches System für ein Radialnetz in einem Wohngebiet dar. Das zugrundeliegende mathematische Optimierungsproblem wird in einem Agentensystem über einen verteilten iterativen Algorithmus gelöst. Ziel der Optimierung ist es, mit Hilfe eines Speicherdispatchings den Energiefluss über eine Ortsnetzstation über einen bestimmten zeitlichen Horizont zu minimieren, oder ein durch den Versorger vorgegebenes Energieflussprofil über die Ortsnetzstation zu folgen. Dadurch kann zum Beispiel eine Korrektur des Energieflusses über die Ortsnetzstation erreicht werden (peak shaving).

Beim iterativen Algorithmus zum Lösen des Optimierungsproblems werden bei jeder Iteration Informationen zwischen benachbarten Knotenpunkten (Agenten) ausgetauscht. Der Austausch der Informationen kann durch unterschiedliche Kommunikationstopologien erfolgen. So können einzelne Akteure im Mikronetz mit drahtloser Kommunikationstechnik wie WLAN oder Niedrigenergieweitverkehrnetzwerke (z. B. LoRaWAN: Long Range Wide Area Network) versehen werden. Die Anzahl der benachbarten Knotenpunkte, mit denen ein individueller Knotenpunkt kommunizieren kann, richtet sich folglich nach der Menge der Knotenpunkte, die innerhalb der individuellen Wi-Fi-Reichweiten erreichbar sind. In dem dargestellten Konzept wird ein physikalisch abgeschlossenes System betrachtet.

Grundlage des Konzepts ist es, dass ein Energieversorger (Energiemarkt) Anreize setzt und Produkte entstehen, die den Verbraucher motivieren (z. B. durch monetäre Gegenleistung), dem Versorger einen gewissen Grad an Flexibilisierung zur Verfügung zu stellen. Durch den Konsensalgorithmus werden kollaborative Bedingungen an das Mikronetz erfüllt, z. B. peak shaving oder Darstellung eines bestimmten Energieflussprofils (ψ) über die gemeinsam genutzte Ortsnetzstation, wie Abbildung 6.2 verdeut-

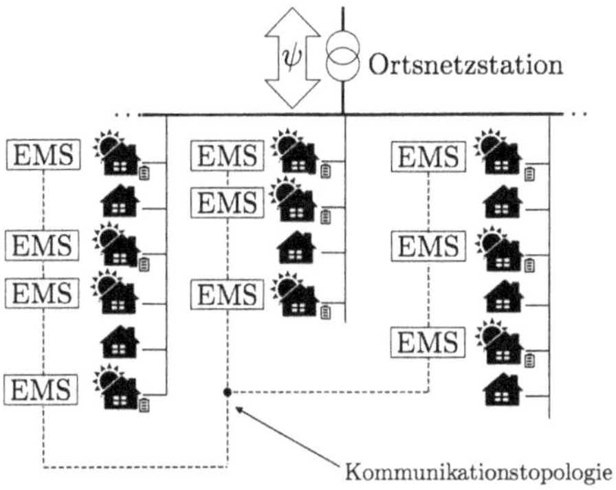

Abb. 6.2: Beispiel eines verteilten Energiemanagementsystems (EMS) im Niederspannungsnetz, mit Kommunikationstopologie.

licht. Diese Bedingungen können zum Beispiel vom Versorger vorgegeben sein. Das zugrundeliegende Optimierungsproblem, die Minimierung des Energieflusses oder das Bereitstellen eines bestimmten Energieflussprofils über die Ortsnetzstation, wird unter lokal vorhandenen Randbedingungen der einzelnen Knotenpunkte, wie beispielsweise Kapazitätseinschränkungen, maximale und minimale Ladeströme oder Speicherverfügbarkeitsprofile in einem verteilten Agentensystem, gelöst.

Die Einhaltung der lokalen Randbedingungen wird durch die individuellen EMS-Knotenpunkte gewährleistet. Der verwendete verteilte Optimierungsalgorithmus nutzt ein Konsensverfahren [11], welches auch auf einer kollaborativen Übereinkunft zum Dispatch der einzelne Batteriespeicher zwischen den EMS-Agenten basiert. Zusätzlich wird vorgegeben, dass Batterien synchron geladen/entladen werden. Dies hat zum Ziel, ein gegenseitiges Entladen einer Batterie durch das Laden einer anderen Batterie zu vermeiden.

6.2.1.1 Verteilte Transparenz und Skalierbarkeit

Die erläuterte, dezentrale Systemarchitektur ermöglicht nicht nur eine verteilte Transparenz, sondern auch Skalierbarkeit im Sinne eines verteilten Systems. Systemkomponenten wie Speicher, Lasten oder Erzeuger können dynamisch hinzugefügt oder entfernt werden (Plug-and-Play-Fähigkeit), ohne die Funktionsfähigkeit und das Nutzungsempfinden des gesamten Systems zu beeinträchtigen, da das verteilte System diese automatisch adaptiert. Verteilte Skalierbarkeit ist im Besonderen im Zusammenspiel mit dem zukünftig vermehrten Einsatz von Elektromobilität vorteilhaft, denn auch hier sind Speicherkapazitäten in elektrischen Fahrzeugen mit bidirektionalem Ladesystem nur zeitlich limitiert im NSAM vorhanden und müssen temporär in das System eingebunden werden können.

6.2.1.2 Datenschutz

Ein verteiltes Energiemanagement erfüllt den Bedarf des Datenschutzes in einem Smart Grid, da Lastprofile und Speicherverfügbarkeiten ausschließlich durch die lokalen EMS-Knotenpunkte genutzt werden. Auf Basis der lokal vorhanden Erzeugungs- und Verbrauchsprofile sowie der Speichereigenschaften tauschen EMS Agenten iterativ mit Nachbaragenten nur einen lokal ermittelten Lade/Entlade Fahrplan für den individuellen Speicher aus. Die EMS Agenten ermitteln im iterativen Austausch mit den jeweiligen Nachbaragenten einen Konsens für einen gemeinsamen Lade- und Entlade-Fahrplan. Dabei können die individuellen Agenten keinen Rückschluss auf die Verbrauchs- und Erzeugungsprofile der Nachbarn schließen, da die Lade- und Entlade-Fahrpläne der Nachbarn wiederum schon einen Teilkonsens mit deren Nachbarn enthalten. Im Vergleich zu zentralen Energiemanagementsystemen werden hierbei Daten nicht zentral aggregiert. Verwendete Kommunikationsinfrastrukturen ermöglichen eine dedizierte Übermittlung individueller Daten an Applikationen wie Abrechnungs- oder Verwaltungssysteme (ERP).

6.2.2 Bewertung

Zur Verdeutlichung des vorgestellten Konzeptes eines EMS Agentensystems in einem Niederspannungsnetz sind hier Simulationen des Systems auf der Basis von simulierten Lastprofilen[3] dargestellt. Zum Vergleich dessen wird im Folgenden ein System ohne kooperierende Agenten simuliert.

Dargestellt ist der Fall eines Szenarios mit drei unterschiedlichen Haushalten, die jeweils mit Photovoltaiksystemen und Batteriespeicherkapazitäten ausgestattet sind. Abbildung 6.3 zeigt modellierte Verbrauchs- und Erzeugungsprofile für Haushalte mit einer Familie mit zwei Kindern, eines berufstätigen Paares und einer berufstätigen alleinerziehenden Mutter mit zwei Kindern.

Wie in Abbildung 6.2 dargestellt, wird angenommen, dass alle drei Haushalte mit dem gleichen Niederspannungsnetz verbunden sind und dass die EMS Agenten durch eine überlagerte Kommunikationstopologie mit benachbarten EMS Agenten einen Informationsaustausch durchführen können.

Die erzielten Simulationsergebnisse für das dargestellte Szenario sind in Abbildung 6.4 und 6.5 dargestellt. Abbildung 6.4 zeigt den Energiefluss der individualen Batteriespeicher über einen Zeithorizont von 24 Stunden, unterteilt in 48 Zeitintervalle der Länge Δt (30 Minuten). Weiterhin stellt Abbildung 6.4 die Summe der lokalen Prosumption (Bedarf minus Erzeugung) dar.

Die Simulation demonstriert die signifikante Reduzierung der Residuallast über die Ortsnetzstation, dies hat eine Glättung der Einspeisespitzen um die Mittagzeit zur Folge. Im Gegensatz zu kooperativen Agentensystem, wie in Abbildung 6.4 dargestellt, werden bei der nicht kooperativen individuellen Optimierung die Lade- und Entladezyklen aller Knotenpunkte nicht koordiniert. In bestimmten Fällen wird im selben

3 Simuliert mit Load Profile Generator, siehe [18, 19].

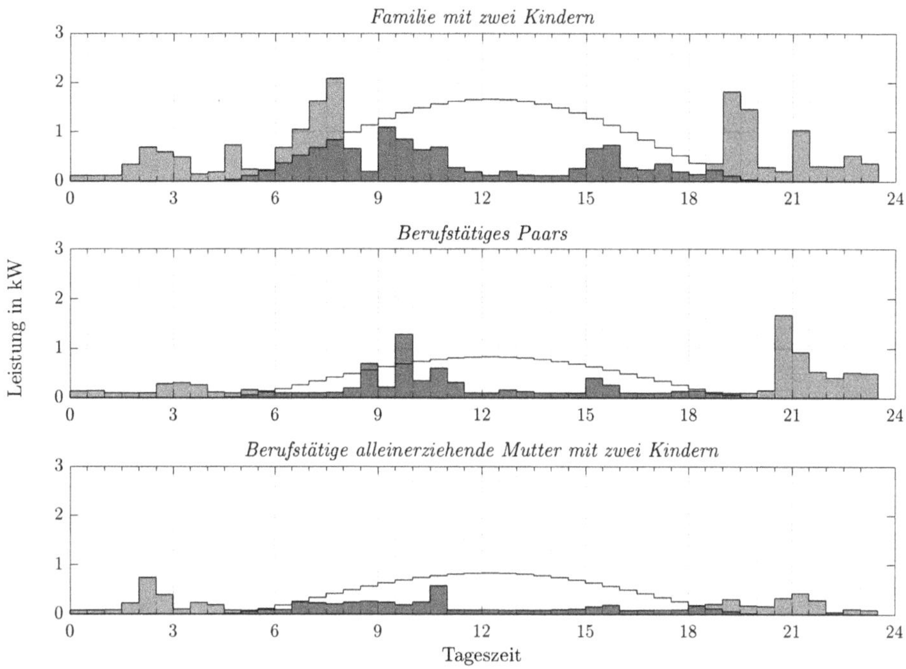

Abb. 6.3: Simuliertes Lastprofil (grau) und lokal erzeugte Solarleistung (gelb) der individual lokal vorhandenen PV-Anlagen für drei unterschiedliche Haushalte.

Zeitintervall eine Batterie eines einzelnen Knotenpunktes geladen, während eine Batterie eines anderen Knotenpunktes zur gleichen Zeit entlädt, wie beispielsweise im Zeitraum zwischen 6:00 Uhr und 10:00 Uhr und weiteren, siehe Abbildung 6.5. Dementsprechend wird bei der Nutzung eines kooperativen Agentensystems das verteilte Speichersystem als ein virtueller Speicher betrieben und wechselseitiges Be-/Entladen bzw. zusätzliche Netzlast über die Ortsnetzstation vermieden.

Die Lösung verteilter Optimierungsprobleme in der dargestellten Art benötigt je nach Topologie des Agentennetzwerkes eine große Anzahl von Iterationen. Diese variieren je nach Anzahl der partizipierenden Agenten sowie weiterer Parameter. Hinzu kommt der notwendige proportionale Datenaustausch zwischen benachbarten Agenten. Daher ist nicht nur der zugrundeliegende verteilte Optimierungsalgorithmus, sondern auch die zugrundeliegende Software-, Hardware- bzw. Kommunikationsstruktur entscheidend, um technisch effiziente Agentensysteme zu implementieren, die verteilte Optimierungsmethoden zum verteilten Energiemanagement nutzen.

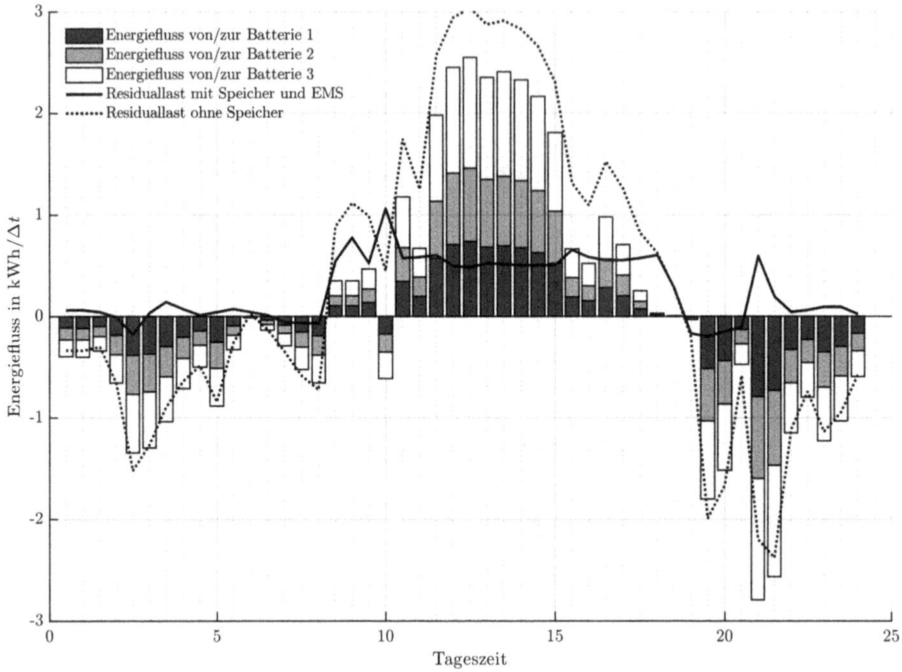

Abb. 6.4: Batterie Lade- und Entladeprofil erstellt durch die EMS Agenten mit Residuallast.

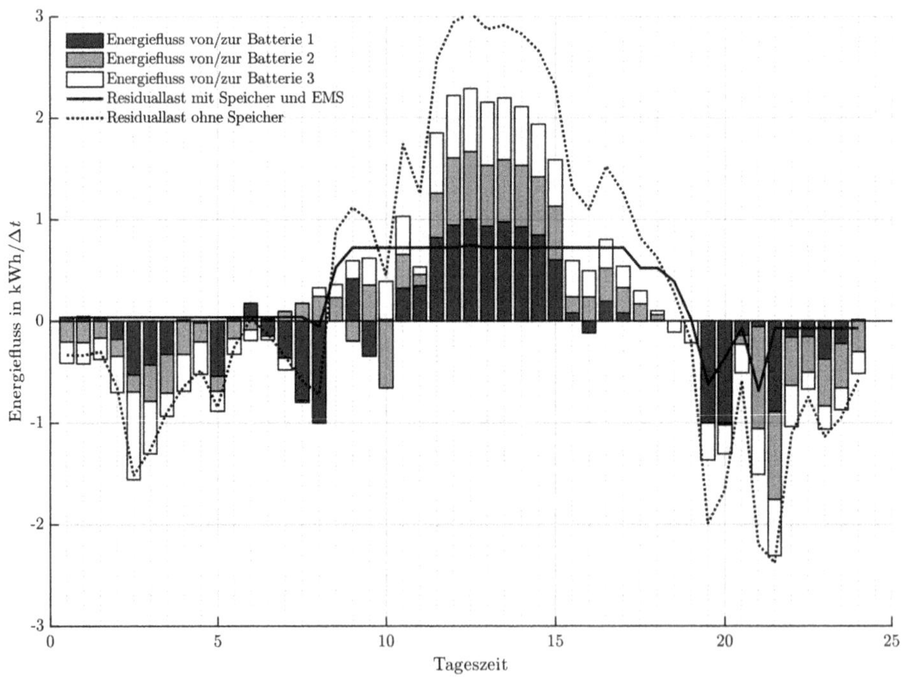

Abb. 6.5: Batterie Lade- und Entladeprofil für individuelle EMS Knotenpunkte ohne eine Kooperation.

6.3 Implementierung der verteilten Steuerung durch eine verteilte Middleware

Neben leistungsstarken, eingebetteten Systemen als individuellen Einheiten eines verteilten Systems finden in modernen Automatisierungssystemen zunehmend kollektive verteilte Entscheidungsprozesse in dezentralen Agentensystemen Anwendung. Entscheidungsprozesse in verteilten Systemen unter Berücksichtigung festgelegter zeitlicher und inhaltlicher Nebenbedingungen bleiben eine große Herausforderung [13] für die Automatisierungstechnik.

6.3.1 Verteilte Entscheidungsfindung

Zur Implementierung von Agentensystemen sind bereits eine Vielzahl von Frameworks verfügbar. Ein umfassender Überblick mit Auswertung wird in [14, 15] aufgeführt. Diese Frameworks definieren Programmiermodelle und als Middleware nutzbare APIs zur Entwicklung von Agentensystemen. Ein Middleware Framework stellt eine Abstraktion der Kommunikationsebene eines Systems aber auch von Kommunikationsprotokollen wie z. B. der Agent Communication Language (ACL) für den Nutzer bereit. Nach Kravari und Bassiliades [14] sowie Shehory und Sturm [15] basieren die meisten Agentensysteme auf Interprozesskommunikation (IPC) und nutzen zum Beispiel die Technik des Methodenfernaufrufs.

Als übergeordnetes Framework einer Vielzahl von Agentensystemen wird das Java Agent DEvelopment (JADE) Framework genutzt, welches dem Standard der Foundation for Intelligent Physical Agents (FIPA) entspricht, dass auch die ACL zur Standarisierung für Agentensysteme vorschlagen. Überwiegend finden Frameworks in Java als Programmiersprache Anwendung, aber auch vereinzelte Frameworks für C/C++, PHP und Python (vgl. [14]) sind verfügbar.

Agentensysteme, die zeitliche Einschränkungen in der Entscheidungsfindung oder einen erhöhten Datenaustausch erfordern, wie im hier vorgestellten verteilten Dispatchen von Speichern, benötigen ein leistungsstarkes Framework mit niedriger Kommunikationslatenz. Für Fälle mit erhöhtem Kommunikationsbedarf haben sich Frameworks wie JADE mit Java Remote Method Invocation (Java RMI) als Kommunikationsschicht als nicht effizient erwiesen (Alberola et al., 2010). Durch einfache Interprozesskommunikation auf der Basis von TCP-basierten P2P-Verbindungen oder UDP-basierten Multicastdiensten kann ein deutlich besseres Ergebnis in Bezug auf die Konvergenzlatenzzeit des Optimierungsalgorithmus im Agentensystem erzielt werden [16]. Zusätzlich hat die Implementierung eines Frameworks wie JADE besondere Anforderungen an die auszuführende Hardware (Java Virtual Machine). Diese Hardware ist insbesondere bei eingebetteten Systemen, wie sie in der Steuer- und Regelungstechnik eingesetzt werden, häufig nicht gegeben.

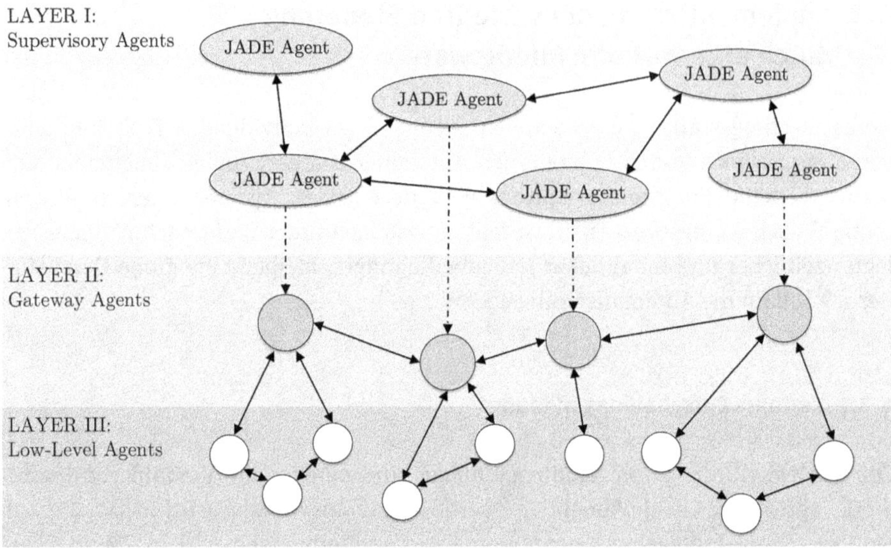

Abb. 6.6: Mehrschichtige Agentenarchitektur für Entscheidungsprozesse bei niedriger Latenz.

Ein Konzept zur Minimierung der Latenzzeiten mit Hilfe eines Softwarebussystems durch ein kombiniertes Agentensystem wird in Abbildung 6.6 dargestellt. Der Aufbau ermöglicht die Abtrennung der unteren Schicht mit minimalen Latenzzeiten zur oberen Schicht, welche eine FIPA-konforme Kommunikation zwischen Agenten gewährleistet.

Diese hybride Architektur bildet sich aus drei Ebenen, wobei der Grad der Komplexität des Agenten abwärts abnimmt. Die oberste Schicht besteht aus funktionsfähigen FIPA-konformen Vermittleragenten. Diese Agenten handeln als Vermittler und sind in der Lage, Einfluss auf Entscheidungsprozesse auf unterster Ebene durch sogenannte Gateway-Agenten zu nehmen. Dies sind beispielsweise Smart Meter. Gateway-Agenten interagieren mit den übergeordneten Vermittleragenten aber auch mit Agenten auf der untersten Schicht des Systems. Gateway-Agenten sind Teil eines Netzes von Agenten, die ein Kommunikationsnetzwerk mit kurzer Kommunikationslatenz aufspannen, in der 2. und 3. Schicht des dargestellten mehrschichtigen Agentensystems. In diesem Netzwerk können Agenten mit kurzer Paketumlaufzeit Daten austauschen und somit zeitkritische und kommunikationsintensive verteilte Optimierungsalgorithmen ausführen. Agenten der unteren Ebene sind auf limitierten eingebetteten Systemen implementiert und können nicht vollständig die Funktionen eines Vermittleragenten übernehmen. Agenten der untersten Ebene können in verschiebbaren Lasten, Batterieladegeräten, Ladesystemen von Elektrofahrzeugen oder auch Photovoltaikwechselrichtern zum Einsatz kommen.

Um in einem Agentensystem verteilte Optimierungsmethoden zu implementieren, müssen nicht nur die Optimierungsalgorithmen effizient sein, sondern auch die zugrundeliegenden Hard- und Software- sowie Netzwerkarchitekturen eine hohe Anpassungsfähigkeit, Skalierbarkeit und geeignete minimale Kommunikationslatenzen besitzen. Für event-basierte verteilte Optimierungsalgorithmen sind Architekturen mit niedriger Kommunikationslatenz unumgänglich. Bei der Implementierung eines Agentensystems auf eingebetteten Systemen, wie sie in der Steuerungs- und Regelungstechnik eingesetzt werden, sind hardwarenahe Programmiersprachen wie C/C++ vorherrschend. Diese bieten leistungsstarke Funktionen in Bezug auf Hardwarenahe Softwareentwicklung. Für den Einsatz in der 2. und 3. Schicht eines mehrschichtigen Agentensystems kann daher ein Softwarebussystem zum Einsatz kommen, das auf TCP-Unicast und UDP-Multicast-Diensten basiert und dadurch kurze Kommunikationslatenzen zwischen allen Agenten auf der 2. und 3. Schicht gewährleistet.

6.3.2 Verteilte Middleware

Die zugrundeliegende verwendete Technologie des Softwarebusses LabMap (nach VDI-Richtlinie[4]) der cbb software GmbH bietet als Middleware-Architektur eine flexible Infrastruktur zur Entkopplung des Socket-basierten Kommunikationsnetzwerkes. Der Softwarebus kapselt verteilte Hardwarekomponenten und das Hardwarebussystem durch Hardware-Abstraktion sodass die Software auf Remotekomponenten reagieren kann.

Dies ermöglicht den Anwendungen, die mit dem Softwarebus verbunden sind auf Ressourcen im verteilten System zugreifen zu können. Zusätzlich können beliebige Soft- und Hardwarekomponenten hinzugefügt werden.

Die genutzte Middleware-Architektur besteht aus LabMap sowie einer Vielzahl von Netzwerk und Sensor-/Aktor-Schnittstellen. LabMap wird zur Abstraktion lokaler Ressourcen verwendet. LabMap unterstützt Peer-to-Peer-Verbindungen auf Basis von TCP/IP-Sockets und auch UDP-Datagramm-Diensten [16]. Die Auswahl zwischen diesen Varianten hängt von der Struktur des verteilten Systems ab. Peer-to-Peer-Verbindungen bieten eine verlässliche Datenkommunikation. Daraus resultiert im Vergleich zu bestehenden Agenten-Frameworks eine effizientere Kommunikation mit niedriger Latenz.

Die Implementierung durch den Softwarebus LabMap erfüllt aktuelle Anforderungen an ein automatisiertes verteiltes System:
- Skalierbarkeit
- Plattformunabhängigkeit, Portierung auf moderne Prozessorarchitekturen, wie Mikroprozessoren in eingebetteten Systemen

4 VDI-Richtlinie 2013: Middleware in der Automatisierungstechnik – Grundlagen, Richtlinien Nr. 2657, Blatt 1

- Erweiterbarkeit, Anbindung jeglicher hersteller- und protokollunabhängiger Hardwarekomponenten
- Integrierbarkeit
- Datenintegrität
- Kleine Latenzzeiten, 300 µsec Round-Trip-Delay über Ethernet u. a. durch asynchrone Kommunikation
- Verteiltheit, durch mögliche Kommunikation mehrerer Instanzen
- Externe Schnittstellen zu weiteren Bussystemen und Unterstützung einer Vielzahl von Kommunikationsprotokollen wie Modbus oder M-Bus sowie Anbindung speicherprogrammierbarer Steuerungen
- Anbindung an unterschiedliche TCP/IP basierte IKT möglich

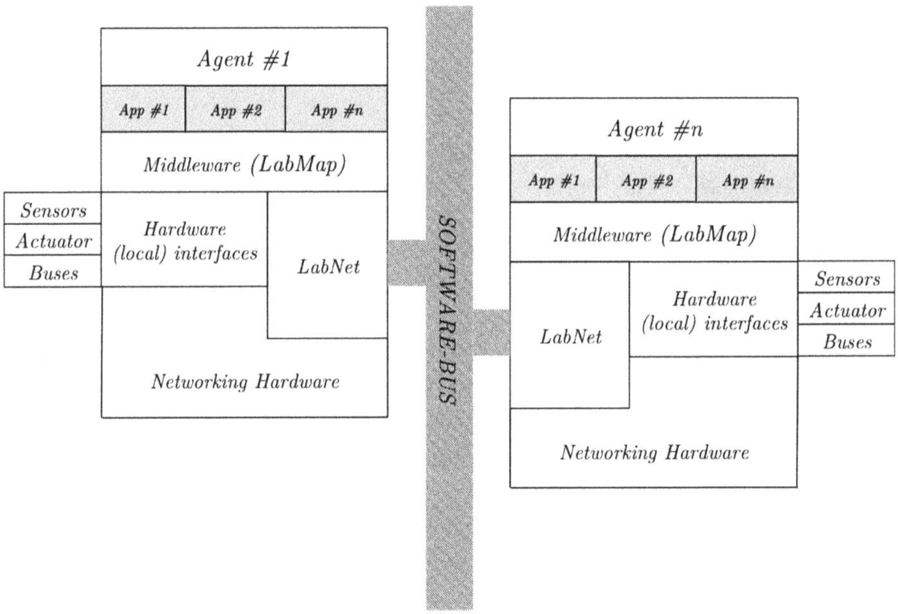

Abb. 6.7: LabMap/LabNet Middleware Framework.

Die Lösung des Optimierungsproblems des Energiespeicher-Dispatchings in einem Agentensystem auf Basis eines verteilten Optimierungsalgorithmus wie in Kapitel 2 dargestellt benötigt, je nach Dimension des Problems, eine große Anzahl an Iterationen. Die Anzahl der benötigten Iteration hängt ab von der Zahl der partizipierenden Agenten (Knotenpunkte), der Kommunikationstopologie der Agenten, sowie der Länge des zeitlichen Horizonts, über den das Energiespeicher-Dispatchings berechnet wird, sowie der Diskretisierungsauflösung des zeitlichen Horizonts. Der Kommunikationsaufwand zwischen den Agenten ist proportional zur Anzahl der Iterationen. Für

Agentensysteme mit einer Vielzahl an Agenten und einem hohen Kommunikationsaufwand, wie z. B. bei verteilten Optimierungsalgorithmen, bietet sich die Nutzung von Middleware-Architekturen mit geringer Round-Trip-Latenz, die auf Direct Messaging Diensten basieren, an. Es ist bekannt, dass die Round-Trip-Latenz für zwei Prozesse, die über TCP-Sockets kommunizieren, signifikant kleiner ist, als die von zwei JADE-Agenten, die miteinander kommunizieren [17]. Latenzzeiten durch bereits publizierte Evaluierungen von LabMap zeigen, dass eine Round-Trip-Latenz von 250 μs für zwei Prozesse, die über TCP-Sockets kommunizieren, erreicht werden kann [16]. Die Paketumlaufzeiten sind dabei abhängig von dem unterlagerten Betriebssystem, der zugrundeliegenden Hardware und der Performance des Netzwerks.

6.4 Schlussbetrachtung

Durch die zunehmende Herausforderung, einen Ausgleich zwischen Energieproduktion und -bedarf in den zukünftigen Energienetzen bei vermehrter Nutzung fluktuierender erneuerbarer Energien zu schaffen, werden intelligente Steuerungsmechanismen unumgänglich. Eine lokale virtuelle Gruppierung von Akteuren des Energienetzes wie Erzeugern, Speichern und Verbrauchern in der bestehenden Netztopologie zu sogenannten netzintegrierten sub-autarken Mikronetzen ist eine Lösung zur bestmöglichen Reaktion auf wetterabhängige Lastflüsse sowie zur Reduzierung und Korrektur der Energieflüsse in überlagerte Netze. Der Energie-Eigenverbrauchsanteil in Mikronetzen kann durch eine intelligente Nutzung von verteilten Speicherkapazitäten maximiert werden, sofern ein intelligentes Energiemanagement eine koordinierte Speicherbewirtschaftung (Dispatching) und Einsatz aller vorhandenen Energiespeicher vornimmt. Eine solche Koordinierung kann zu einer signifikanten Reduzierung der Residuallast in einem Mikronetz führen. Für die notwendige Umstrukturierung der traditionellen Regelungs- und Entscheidungskonzepte in Leitsystemen, werden zukünftig Optimierungs-/Steuerungsalgorithmen immer komplexer. Die Umsetzung dieser Algorithmen und die dezentrale autonome Entscheidungsfähigkeit in einem verteilten System erfordert die Integration dezentraler vernetzter intelligenter Systeme in einem Agentensystem. Dies bedarf einer effizienten und leistungsstarken Kommunikation. Herkömmliche Frameworks zur Agentenentwicklung bieten ein stabiles Grundgerüst und ausreichend Dienste, haben allerdings im Vergleich zu Direct Messaging Diensten auf der Basis von TCP- oder UDP-basierten Verbindungen eine höhere Kommunikationslatenz.

Die Praxiseinführung des Konzeptes zum koordinierten Laden von Elektrofahrzeugflotten in Schleswig-Holstein, sowie der Aufbau eines verteilten Speicherdispatchings innerhalb eines sub-autarken Mikronetzes in Nordfriesland ist, auf der Basis des hier vorgestellten Konzepts in der Planung.

Literatur

[1] Quan H, Srinivasan D, Khosravi A: Integration of renewable generation uncertainties into stochastic unit commitment considering reserve and risk: A comparative study. Energy. 2016; 103:735–45.

[2] Wirth H, Schneider K: Aktuelle Fakten zur Photovoltaik in Deutschland. Fraunhofer ISE. 2016.

[3] von Appen J, Braun M, Stetz T, Diwold K, Geibel D: Time in the sun: the challenge of high PV penetration in the German electric grid. IEEE power and energy magazine. 2013; 11(2):55–64.

[4] European Commission. Smart grids and Meters [Internet]. 2016 [cited 04.11.2016]. Available from: https://ec.europa.eu/energy/en/topics/markets-and-consumers/smart-grids-and-meters.

[5] Halu A, Scala A, Khiyami A, González MC. Data-driven modeling of solar-powered urban microgrids. Science advances. 2016; 2(1):e1500700.

[6] Setiawan EA. Concept and controllability of virtual power plant. Kassel University Press GmbH; 2007.

[7] Beck A, Derksen C, Lehnhoff S, Linnenberg T, Nieße A, Rohbogner G: Energiesysteme und das Paradigma des Agenten. In Agentensysteme in der Automatisierungstechnik 2013 (pp. 21–42). Springer Berlin Heidelberg.

[8] Rohjans S, Lehnhoff S, Schütte S, Scherfke S, Hussain S: mosaik-A modular platform for the evaluation of agent-based Smart Grid control. In Innovative Smart Grid Technologies Europe (ISGT EUROPE), 2013 4th IEEE/PES 2013 Oct 6 (pp. 1–5). IEEE.

[9] Derksen C, Linnenberg T, Neusel-Lange N, Stiegler M: Agent. HyGrid: A seamless Development Process for agent-based Control Solutions in hybrid Energy Infrastructures. SmartER Europe-E-world energy & water, Essen, Germany. 2015.

[10] Horenkamp W, Hube W, Jäger J, Kleimaier M, Kühn W, Nestle D, Pickhan R, Pokojski M, Raphael T, Scheffler J, Schulz C: VDE-Studie Dezentrale Energieversorgung 2020. Energietechnische Gesellschaft im VDE (ETG): Frankfurt, Germany. 2007.

[11] Valipour S, Volk F, Grube T, Böck L, Karg L, Mühlhäuser M: A formal Holon model for operating future energy grids during blackouts. I nSmart Cities and Green ICT Systems (SMARTGREENS), 2016 5th International Conference on 2016 Apr 23 (pp. 1–8). IEEE.

[12] Olfati-Saber R, Fax JA, Murray RM. Consensus and cooperation in networked multi-agent systems. Proceedings of the IEEE. 2007; 95(1):215–33.

[13] Leitão P, Mařík V, Vrba P: Past, present, and future of industrial agent applications. IEEE Transactions on Industrial Informatics. 2013; 9(4):2360–72.

[14] Kravari K, Bassiliades N: A survey of agent platforms. Journal of Artificial Societies and Social Simulation. 2015; 18(1):11.

[15] Shehory O, Sturm A: Agent-Oriented Software Engineering. Springer-Verlag Berlin; 2016.

[16] Bruce-Boye C, Kazakov D: Quality of Uni-and Multicast Services in a Middleware. LabMap Study Case. Innovative Algorithms and Techniques in Automation, Industrial Electronics and Telecommunications. 2007: 89–94.

[17] Alberola JM, Such JM, Garcia-Fornes A, Espinosa A, Botti V: A performance evaluation of three multiagent platforms. Artificial Intelligence Review. 2010; 34(2):145–76.

[18] Pflugradt N, Platzer B: Behavior based load profile generator for domestic hot water and electricity use. In12th International Conference on Energy Storage (Innostock), Lleida, Spain 2012.

[19] Pflugradt N, Teuscher J, Platzer B, Schufft W: Analysing low-voltage grids using a behaviour based load profile generator. In International Conference on Renewable Energies and Power Quality 2013 (Vol. 11, p. 5).

Marco Schaarschmidt, Clemens Westerkamp und Hans Knöchel

7 Anbindung von Software-Agenten an Sensorknoten und mobile Systeme

Plattformübergreifende Agentenkommunikation

Zusammenfassung: Zur Erfassung und Verarbeitung von Sensordaten werden an der Hochschule Osnabrück verschiedene Plattformvarianten für mehrere Produktionsbereiche evaluiert. Für die Produktion im Gartenbau und einen I4.0-Demonstrator (Industrie 4.0) werden die Raspberry Pi-Plattform und verschiedene drahtgebundene und drahtlose, z. B. mittels Bluetooth Low Energy (BLE) angebundene, Sensor-/Aktorknoten eingesetzt.
Um den mobilen Abruf von Sensordaten zu unterstützen, wird die Integration von Smartphones und Tablets untersucht. Plattformen mit reduzierten Ressourcen sind z.B. mobile Geräte und Sensorknoten deutlich unterhalb des Raspberry Pi. Auch auf ihnen soll eine begrenzte Intelligenz, z.B. zur Realisierung einer Vor-Ort-Filterung und Bewertung, ermöglicht werden. Dies erfolgte durch die Entwicklung einer C-Bibliothek zur FIPA ACL-konformen Kommunikation, die als Bibliothek auf heterogenen Systemen zum Einsatz kommt. Damit ist eine flexible Kommunikation und Entscheidungsfindung auch in kleinen Komponenten teilautonomer und entscheidungsunterstützender Systeme möglich.

7.1 Einleitung

Die konventionelle Industrieautomatisierung wird häufig in Form der Automatisierungspyramide dargestellt.

Dieser Ansatz zeichnet sich durch eine streng hierarchische Struktur mit externer Koppelung, z. B. durch Auftrags- und Bestellaustausch (in Abbildung 7.1 links) in der Unternehmensebene ERP, aus. Die zunehmend flexibilisierte Fertigung u. a. aufgrund von kundenspezifischer Produktgestaltung und -fertigung erfordert eine engere Koppelung zwischen Kunden und Auftragnehmern einerseits sowie Herstellern und deren Zulieferern andererseits. Die Vision einer Smart Factory (in Abbildung 7.1 rechts) ist also u. a. gekennzeichnet durch vielfältige Koppelungsmöglichkeiten und Schnittstellen auf den unterhalb der ERP-Ebene liegenden Ebenen. Dies geschieht bis hin zur Feldebene, in der einzelne Sensorwerte für Kunden bzw. Zulieferer von Bedeutung sein können. Zur vollständigen Abbildung wurde die Referenzarchitektur Industrie 4.0 (RAMI) entwickelt, die u. a. auf der Plattform Industrie 4.0 dargestellt wird [1]. Der in Abschnitt 7.4.1 näher beschriebene Agentenansatz stellt eine Option der Struk-

https://doi.org/10.1515/9783110527056-007

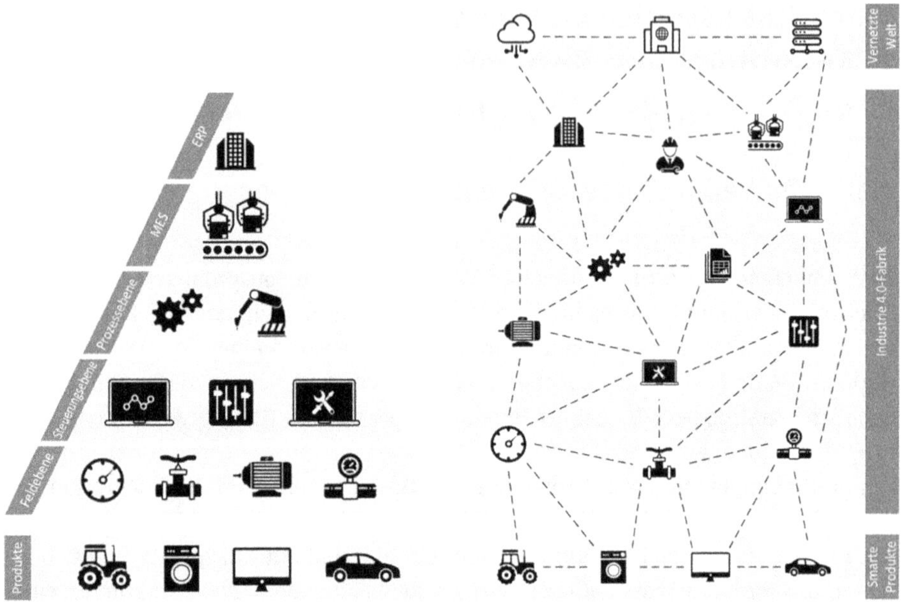

Abb. 7.1: Übergang von der Automatisierungspyramide (Industrie 3.0) zur flexiblen Fertigung in Industrie 4.0 [1].

turierung der Smart Factory (Abbildung 7.1 rechts) dar, stellt aber an die Systeme und Entwickler erweiterte Anforderungen bezogen auf die Portierung und Integration.

7.2 Anwendungsfälle und Anforderungen

Das in diesem Beitrag vorgestellte Konzept soll das Zusammenwirken von Agentensystemen und Sensornetzen aufzeigen. Sensornetze sind ein sich rasch entwickelnder Bestandteil des Internets der Dinge (engl. Internet of Things – IoT). Für die Industrie sind sie z. B. in Produktionsumgebungen als Ergänzung der herkömmlichen fest installierten Sensorik interessant. Sie ermöglichen zusätzliche und normalerweise nicht erhobene Prozessinformationen für die folgenden Einsatzgebiete zu sammeln:
- Vergleichsdaten für unterschiedliche Standorte
- Betriebsdaten z. B. für Zustandsüberwachung (engl. Condition Monitoring) oder vorausschauende Wartung (engl. Predictive Maintenance)
- Möglichkeiten zusätzlicher Qualitätssicherung.

Die Anforderungen an eine geeignete Koppelung von Agentensystemen und Sensornetzen werden anhand der folgenden Anwendungsfälle aus unterschiedlichen Praxisfeldern erläutert.

7.2.1 Anwendungsfall I4.0-Demonstrator zur Erfassung und mobiler Visualisierung von Sensorwerten

An der Hochschule Osnabrück existiert ein Demonstrator aus dem BMBF-Projekt LK^{3}S (Leicht konfigurierbare Komponenten kollaborativer Systeme), der die kollaborative Zusammenarbeit von Maschinen untereinander und durch agentenbasierte Kommunikation die Möglichkeiten einer flexiblen Fertigung aufzeigt [2] [3]. Auf Basis dieses Aufbaus wurde ein weiterer und speziell auf das Thema Industrie 4.0 zugeschnittener Demonstrator entwickelt. Die Abbildung 7.2 zeigt den überarbeiteten Aufbau des I4.0-Demonstrators bestehend aus einzelnen, unabhängigen Arbeitsstationen. Charakteristisch für den I4.0-Demonstrator sind zwei Mikrocontroller-Plattformen, die zum Betrieb der einzelnen Arbeitsstationen eingesetzt werden:

- Linux-basierte Raspberry Pi werden eingesetzt, da sie für derartige Versuchsaufbauten ausreichend erprobt und weit verbreitet sind. Außerdem können sie auf vielfältige Art kommunizieren, z. B. mittels OPC UA.
- Zur Erprobung des Einsatzes drahtloser Kommunikation, wie sie in drahtlosen Sensornetzen verbreitet ist, wurden ESP32-basierende Microcontroller-Platinen mit einem kleinen Echtzeitbetriebssystem eingesetzt. Sie kommunizieren mittels MQTT [4] über Wireless LAN (WLAN).

Der I4.0-Demonstrator setzt sich aus verschiedenen Arbeitsstationen zusammen, die Fertigungsprozesse innerhalb einer Fabrik darstellen. Die Kernkomponenten des I4.0-Demonstrators bestehen aus einem Teilelager inkl. Lagerverwaltungssystem und einem Dreiarm-Lager-Roboter, mehreren Transportstationen und weiteren Dreiarmrobotern zur Montage und Warenausgabe. Weitere Ausbaustufen mit einzelnen Bearbeitungsstationen, wie beispielsweise Fräs- und Gravur-Maschinen, sind geplant und können aufgrund des Konzepts der Gesamtarchitektur jederzeit integriert werden. Neben dem Aufzeigen der Möglichkeiten durch Industrie 4.0 in der Fertigung, dient der

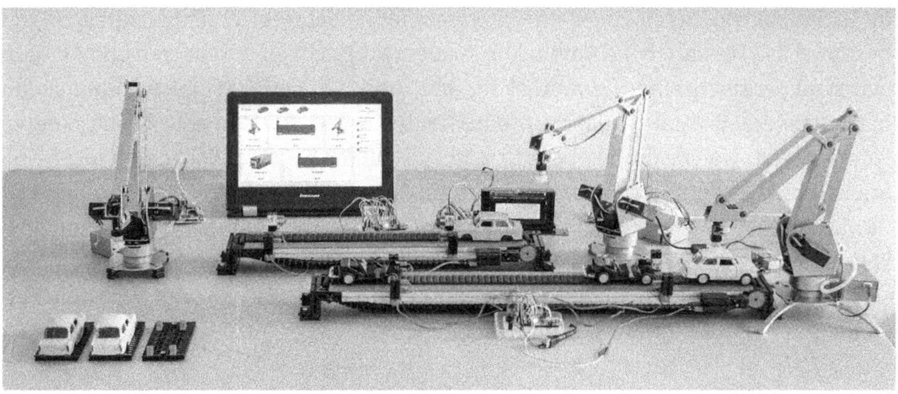

Abb. 7.2: I4.0-Demonstrator der Hochschule Osnabrück.

Demonstrator vor allem als Basisplattform zur Evaluation des in Abschnitt 7.5.1 vorgestellten Netzwerks für intelligente Sensoren und Aktoren. An verschiedenen Stellen des I4.0-Demonstrators macht ein isoliertes (nicht mit dem Produktions-Intranet verbundenes) Sensornetz über ein in Abschnitt 7.5.1 beschriebenes Architektur- und Gateway-Konzept wichtige Parameter zugänglich. Damit werden zusätzliche Informationen über die aktuelle Situation (z. B. wichtige Sensorwerte, Arbeitsfortschritt, Qualitätswerte) an den Arbeitsstationen erfasst. Diese können sowohl vor Ort von organisationsinternen Mitarbeitern z. B. auf Smartphones und Tablets als auch per Fernzugriff von externen Dienstleistern, Maschinenherstellern etc. eingesehen werden. Die Sensordaten können durch diese Kopplung sowohl in den internen als auch in den externen Entscheidungsprozessen einfließen und für weitergehende Analysen genutzt werden.

7.2.2 Anwendungsfall Vibrationsanalyse mit Beschleunigungssensoren und Smartphones

In [5] wurde ein Anwendungsfall dargestellt, der den Zustand von Landmaschinen aus der Geräuschanalyse in der Fahrerkabine ableitet. Diese Anwendung ist auf weitere Bereiche industrieller Maschinen übertragbar, da hier einfache Beschleunigungs- bzw. Akustiksensoren verwendet und Ergebnisse visualisiert auf einem handelsüblichen Smartphone oder Tablet dargestellt werden können. Das in Abschnitt 7.5.1 beschriebene Sensor-Aktor-Netz dient als Ausgangspunkt für die Planung und Integration dieser Art der Visualisierung auf mobilen Endgeräten und der Abbildung der daraus resultierenden Datenflüsse zwischen den involvierten Komponenten.

7.2.3 Anwendungsfall Agrarproduktion

Im Gartenbau existieren eine Reihe interessanter Einsatzgebiete für Sensornetze. Das in Kapitel 7.5.1 beschriebene Architekturkonzept für intelligente Sensoren und Aktoren wurde an der Hochschule Osnabrück für den Einsatz in Gewächshäusern untersucht. In ihnen werden für die Pflanzenproduktion (Gemüse, Blumen etc.) Klima-Computer eingesetzt, welche die Temperatur und Luftfeuchte in Gewächshäusern regeln [6]. Auch wenn die stationäre Sensorik bereits ein differenziertes Ausregeln verschiedener Gewächshausbereiche ermöglicht, kann die Kenntnis der Temperatur und Feuchtigkeitsverteilung eine weitergehende Optimierung in Bezug auf Energieeffizienz, Wechsel der Pflanzenstandorte und bei Erweiterung durch Kamerasensoren auch eine Verfolgung der Pflanzengesundheit ermöglichen.

7.3 Anforderungen an die Architektur

Für die beschriebenen Anwendungsfälle wird eine Architektur definiert, die sich aus den nachfolgend beschriebenen drei Schichten und Verantwortlichkeiten zusammensetzt:

- Sensor-/Aktor-Schicht: Eine hardwarenahe Schicht, in der Sensoren und Sensorplattformen definiert werden. Neben der Aufnahme von Messwerten spielen auch eine Vorverarbeitung sowie eine intelligente Filterung, Anonymisierung und Komprimierung eine wichtige Rolle.
- Low-Level-Datenverarbeitung: In dieser Schicht, die einen zentralen Knotenpunkt für eine oder mehrere Sensorplattformen bereitstellt, werden mobile Transportknoten sowie Knoten mit einer Gateway-Funktionalität zur Kopplung anderer Teilnetze und für die Kommunikation mit höheren Schichten definiert.
- High-Level-Datenverarbeitung: Eine Direktverarbeitung und Persistierung der Messwerte findet auf dieser Schicht statt. Neben Anwendungsservern stellt diese Schicht entsprechende Schnittstellen zu (externen) IT- und Cloud-Diensten bereit.

Für ein Sensornetz können eine ganze Reihe von Anforderungen definiert werden. Eine der Anforderungen bezieht sich dabei auf die vorgesehene Energieversorgung. Sensorknoten können auf eine Energieinfrastruktur angewiesen oder zeitweise selbstversorgend, also energieautark z. B. durch Energiespeicher oder Energy Harvesting, sein. Weitere Anforderungen beschreiben den Datenschutz, die Haltbarkeit von Sensoren sowie die Zuverlässigkeit und Sicherheit. Für Sicherheitsanforderungen sind insbesondere die Vertraulichkeit der Daten, die Datenintegrität sowie die Authentifizierung und Autorisierung zu nennen. Die Anforderungen an Architektur werden nun beginnend mit der Sensor-Aktor-Schicht in Tabelle 7.1 beschrieben.

Die in der Tabelle 7.2 aufgeführten Anforderungen gelten für alle drei Schichten der Gesamtarchitektur und werden durch Agentensysteme größtenteils erfüllt [7].

Allerdings setzen viele Standardplattformen, wie das weitverbreitete Java Agent DEvelopment Framework (JADE) voraus, dass auf dem Zielsystem eine Java-Ausführumgebung zur Verfügung steht. Diese Voraussetzung ist auf vielen (kleineren) Sensorknoten und auf einer von zwei wichtigen Mobilplattformen (iOS von Apple) nicht gegeben. In diesem Beitrag wird daher ein Ansatz für Sensorknoten und mobile Geräte mit einer ANSI C-Teilbibliothek untersucht.

Tab. 7.1: Spezielle Anforderungen an die Sensor-Aktor-Schicht.

Nr.	Art	Beschreibung
Req. 10	Energieverbrauch	Die Sensorplattformen müssen über ausreichend dimensionierte Energiespeicher für den vorgesehenen Einsatzzeitraum verfügen. Über entsprechende Energiesparfunktionen oder Standby-Modi soll ein höheres Energiesparpotential erreicht werden.
Req. 20	Schnittstellen	Die Sensorplattformen müssen über eine breite Unterstützung heterogener Schnittstellen verfügen. Vorgesehen sind u. a. Inter-Integrated Circuit (I^2C), Serial Peripheral Interface (SPI), Universal Asynchronous Receiver Transmitter (UART) für die drahtgebundene sowie Wireless LAN (IEEE 802.11 b/g/n) und Bluetooth Low Energy (BLE) [8] für die drahtlose Kommunikation.
Req. 30	Abmessungen	Sowohl Sensoren als auch Sensorplattformen müssen über kompakte Abmessungen verfügen, um so universeller einsetzbar zu sein und andere Komponenten (z. B. die Maschine) nicht bei der Ausführung der Tätigkeiten zu behindern.
Req. 40	Zwischenspeicher	Je nach Konzept müssen Sensoren und Sensorplattformen über einen Zwischenspeicher verfügen, um einen historischen Verlauf der Daten persistieren zu können. Bei Sensoren ist dies von Wichtigkeit, da das Intervall der Sensorabfrage nicht mit denen der Messwerterhebung übereinstimmen muss. Sensorplattformen können von höheren Schichten in ganz unregelmäßigen Abständen abgefragt werden, sodass ein Zwischenspeicher nötig wird.
Req. 50	Anonymisierung	Die Schicht muss eine Anonymisierung der Daten ermöglichen, sodass auf Grund der Messerhebung keine Rückschlüsse auf Personen oder Unternehmen gezogen werden können.
Req. 60	Vorverarbeitung	Bei Sensoren und Sensorplattformen müssen Vorverarbeitungsmodule vorhanden sein, um eine effiziente und schnelle Übertragung der Daten an höhere Schichten zu gewährleisten.

Tab. 7.2: Anforderungen an die Gesamtarchitektur.

Nr.	Art	Beschreibung
Req. 100	Skalierbarkeit	Die Architektur muss auf allen drei Schichten erweiterbar sein und eine Integration von Teilnetzen ohne Einschränkungen ermöglichen.
Req. 110	Erweiterbarkeit	Die Architektur muss durch neue Knoten oder Gateways erweitert werden können.
Req. 120	Ad-Hoc-Kommunikation, Mesh-Ansätze	Die Architektur muss eine Kommunikation sowohl innerhalb einer Schicht, als auch zu höheren oder niedrigeren Schichten ermöglichen. Dabei soll die Kommunikation über verschiedenartige drahtlose und drahtgebundene Protokolle und in strukturierten wie auch vermaschten Topologien unterstützt werden.

Tab. 7.2: (Fortsetzung)

Req. 130	Ausfallsicherheit	Die Architektur muss eine Robustheit gegenüber Veränderungen während der Laufzeit aufweisen. Fallen einzelne Knoten, Gateways oder Netzverbindungen aus, soll der Rest des verteilten Systems möglichst wenig in Mitleidenschaft gezogen werden. Für Kommunikationswege sollten Alternativrouten möglich sein. Dies wird z. B. in Mesh-Architekturen realisiert. Beispiele sind ZigBee- und WLAN-Mesh-Netzwerke.
Req. 140	Herstellerunabhängigkeit	Die Architektur muss herstellerunabhängige Protokolle für die Kommunikation und den Datenaustausch unterstützen, um heterogene Bestandteile in das Gesamtsystem integrieren zu können.
Req. 150	Eignung für modellbasiertes Engineering	Mithilfe von UML, SysML und Generatoren müssen Möglichkeiten eingeräumt werden, einen Teil der Schnittstellen, des Quellcodes oder der Klassen zu generieren, um so eine einfache Umsetzung der Architektur zu ermöglichen.
Req. 160	Sicherheit, Authentifizierung und Autorisierung	Neue Sensorknoten müssen sich im Netzwerk zunächst authentifizieren, um als vertrauenswürdig angesehen zu werden und Netzzugang zu erhalten. Ohne vorhandenes Sicherheitskonzept können Angreifer über nichtautorisierter und nichtauthentifizier Knoten gefälschte Daten einspielen und so beispielsweise den Produktionsprozess durch das Erzwingen von Notabschaltungen zum Erliegen bringen. Ein gültiges Sicherheitskonzept kann z. B. vorsehen, Knoten bei der Übertragung mehrfach falscher Messwerte aus dem Sensornetzwerk vorübergehend oder dauerhaft auszuschließen.

7.4 Stand der Technik

Der Einsatz von Software-Agenten ist ein seit vielen Jahren verfolgter Ansatz, der in den folgenden Abschnitten näher beschrieben wird.

7.4.1 Agenten-Orientierte Softwareentwicklung

Die Foundation for Intelligent Physical Agent (FIPA) wurde 1996 mit dem Fokus Agenten-basierte Technologien sowie Interoperabilität mit anderen Standards gegründet. Sie ist eine Organisation der IEEE Computer Society Standards und veröffentlichte in 2002 ein standardisiertes Agenten-basiertes Kommunikationsprotokoll mit der Bezeichnung FIPA Agent Communication Language (FIPA ACL). Die insgesamt 25 Spezifikationen der FIPA [9] umfassen nicht nur die Agentenkommunikation [10], sondern spezifizieren beispielsweise auch eine Agentenarchitektur [11] und -verwaltung [12] sowie den Nachrichtentransport [13]. Eine kontinuierlich gepflegte Übersicht über Software-Agentenplattformen bietet [14].

Das Java Agent DEvelopment Framework (JADE) wurde 1998 von der Telecom Italia ursprünglich als Validierung der FIPA-Spezifikation entwickelt [15]. Mittlerweile stellt sie jedoch die erfolgreichste und am weitesten verbreiteste Agentenplattform dar [16]. In der Programmiersprache Java entwickelt, setzt sich die Agentenplattform aus einzelnen Containern zusammen. Der Hauptcontainer, bei JADE auch standardmäßig Main Container genannt, beinhaltet neben normalen Agenten auch das Agenten-Management-System (AMS), den Directory Facilitator (DF) einschließlich eines Gelbe-Seiten-Dienstes, welches es Agenten ermöglicht, sich mit ihren Diensten zu registrieren und selbige anderen Agenten zur Verfügung zu stellen [17]. Die Agenten selbst werden in [17] als spezielle Software-Komponenten beschrieben, die autonom agieren, interoperable Schnittstellen nach außen zu einem System anbieten und ein adaptives Verhalten aufweisen. Die autonome Verhaltensweise von Software-Agenten wird in Agenten-Architekturen unterstützt. Darin sind Sensorik und Aktorik als Komponenten enthalten und es wird eine echtzeitnahe Übertragung der zugehörigen Datenströme ermöglicht. Auf dieser Basis wird in diesem Beitrag eine entsprechende Erprobung an realtypischen Anwendungsbeispielen durchgeführt.

7.4.2 Sensornetze

In [18] wird das Thema der Sensornetze ausführlich behandelt. Ein Sensornetz wird beschrieben als eine Gruppe intelligenter Sensoren, die verdrahtet oder drahtlos mit einem anderen intelligenten Sensor verbunden sind. Eine große Rolle nehmen die Sensornetze beim sich dynamisch entwickelnden IoT ein. Um die verschiedenen IoT-Geräte zu verbinden, ist ein direkter Zugriff auf das Internet vonnöten, auch wenn die Sensordaten zunächst im lokalen Netzwerk (vor-)verarbeitet werden. Sensornetze müssen zudem nicht zwangsläufig mit dem Internet verbunden sein, wenn ein Smartphone oder ein PC als Aggregationspunkt dient. Während einzelne Sensoren für spezifische Anwendungsfälle durchaus isoliert betrieben werden können, werden mehrere Sensoren üblicherweise in übergeordneten Topologien integriert, die in Abhängigkeit vom Anwendungsfall eine unterschiedliche Komplexität aufweisen. Die überwiegend zum Einsatz kommenden Topologien reichen von einfachen Punkt-zu-Punkt-Verbindungen, über Bus-, Ring-, Stern- oder Baumstrukturen bis hin zu Mesh- und vollvernetzten Mesh-Netzwerken. Eine Sterntopologie bei der ein Smartphone den zentralen Aggregationspunkt darstellt ist eher im Personal Area Network (PAN) angesiedelt, während sich Mesh-Netzwerke für Wide Area Networks (WAN) besonders eignen. Hauptbestandteil eines Sensornetzes sind die Sensorknoten, also intelligente Sensoren, die in der Lage sind, Messwerte aufzunehmen, eine Vorverarbeitung durchzuführen und die Datenwerte entsprechend mit anderen Knoten im Netzwerk auszutauschen. Hinzu kommen typische Netzwerkkomponenten wie Router, Gateways oder Basisstationen und Sensorplattformen wie beispielsweise das Smartphone oder der Raspberry Pi.

Sensornetze sind seit etlichen Jahren für verschiedenartige Einsatzzwecke z. B. Umweltuntersuchungen im Einsatz. Die University of California Berkeley hat bereits 1999 erste Mesh-basierte Sensorknotennetze unter dem Namen "Smart Dust" vorgestellt [19]. Sie zeichneten sich durch besonders niedrigen Energiebedarf aus. Die später von der Firma Crossbow kommerzialisierten Knoten waren Basis für viele Forschungsprojekte und trugen dazu bei, dass in 2005 der ZigBee-Standard entstand und eine Reihe interoperabler Sensorknoten entwickelt wurde. In den letzten Jahren haben sich diverse Sensorknoten, die mittels BLE kommunizieren, verbreitet. Dieser Funkstandard wird auch bei verschiedenen Beacons (z. B. zu Marketing-Zwecken in Einkaufszentren) und Fitnessuhren eingesetzt und von allen modernen Smartphones und Tablets unterstützt. Eine beliebte Evaluierungsplattform ist der mittels BLE, ZigBee und 6LoWPAN kommunizierende TI CC2650STK aus der TI SimpleLink-Familie [20], der vielfältige Sensorik auf einer Plattform integriert.

Ein weiteres System stellt die Open Source IoT-Plattform NodeMCU [21] dar. Diese Plattform verwendet den weit verbreiteten und kostengünstigen ESP8266, einem energieeffizienten System-on-a-Chip (SoC) mit 32-Bit-Architektur und integrierter WLAN-Funktionalität (IEEE 802.11 b/g/n) der Firma Espressif Systems. Charakteristisch für den ESP8266 sind neben einer Vielzahl an I/O-Ports und Schnittstellen für I^2C, SPI und UART vor allem eine große Auswahl verschiedener Firmware-Varianten. Software für diese Plattform kann wahlweise in Lua, Python oder Arduino/C++ entwickelt werden. Auch die Unterstützung von FreeRTOS ist vorhanden.

Mit dem ESP32 ist mittlerweile ein Nachfolgemodell erhältlich, welches neben WLAN (802.11 b/g/n/e/i) auch Bluetooth 4.2 und BLE unterstützt. Auch Plattformen auf Basis des ESP32, wie der WiPy 2.0 der Firma Pycom, können ohne tiefgehende Informatikkenntnisse in einer Untermenge von Python programmiert werden. Dies ist für Lehr- und Übungszwecke auch außerhalb technischer Studiengänge interessant.

7.4.3 I4.0 Open Platform Communications – Unified Architecture

In der konventionellen Automatisierung und der dortigen Erfassung und Verarbeitung von Sensordaten hat Ethernet-basierende Kommunikation seit einiger Zeit die zuvor dominierenden Feldbusse abgelöst. Parallel dazu wurde auf der Software-Seite der Ansatz Open Platform Communications (OPC) als eine standardisierte Software-Schnittstelle für den Rohdaten- und Informationsaustausch zwischen Steuerungssystemen und der Steuerungsebene eingeführt [22]. Verantwortlich zeichnet sich die OPC Foundation, welche den Standard bereits seit mehr als zehn Jahren bereitstellt. Das ursprüngliche OPC basierte auf dem DCOM-Ansatz für verteilte Software-Komponen-

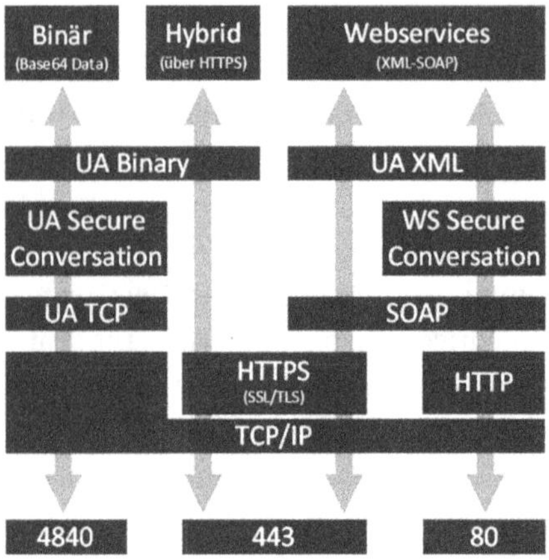

Abb. 7.3: Architektur und eingesetzte Technologien bei OPC UA [23].

ten, einem De-Facto-Standard der Firma Microsoft. In der neusten Generation wird mit OPC UA (Unified Architecture) eine Plattform- und Betriebssystemunabhängigkeit ermöglicht. Diese Unabhängigkeiten werden durch die Unterstützung von Serviceorientierten Architekturen (SOA), Webservices und erhöhten Sicherheitsansprüchen in industriellen Automatisierungssystemen erreicht, wie die Abbildung 7.3 aufzeigt [23].

Unter [24] ist eine Liste an Referenz-Implementierungen zu finden, die in der hardwarenahen Programmiersprache C, den objektorientierten Sprachen C++, C# sowie Java und in den interpretierten Skriptsprachen Python und JavaScript in unterschiedlichen Reifegraden und Lizensierungen verfügbar sind. Es liegt daher auf der Hand, den Versuch zu unternehmen, bestehende Agentensysteme über die Nutzung von OPC UA mit weiteren IoT- oder I4.0-Geräten oder Geräten, die bisher kein IP-basiertes Netzwerk unterstützen, zu koppeln. Dies gilt insbesondere für die Produktionsautomatisierung [25].

7.5 Architekturkonzept für ein intelligentes Sensor-Aktor-Netz

Ausgehend vom beschriebenen Stand der Technik entwickelt die Hochschule Osnabrück ein Architekturkonzept für intelligente Sensor-Aktor-Netze (ISAN) für eine Reihe unterschiedlicher Anwendungsfälle mit den zuvor beschriebenen inhomogenen Anforderungen. In diesem Abschnitt wird die Architektur erläutert und besonders auf das IoT-Gateway als ein zentrales System eingegangen. Es dient der verteilten Sensordatenerfassung und -aufbereitung für die Weiterverarbeitung. Dabei basiert das Gateway in weiten Teilen auf einem Raspberry Pi-System mit einer JADE-Plattform, ergänzt diese aber um Schnittstellen zu den Sensornetzen und kann mittels OPC UA mit vorhandenen Produktionsinfrastrukturen kommunizieren. Weitere wichtige und in diesem Abschnitt vorgestellte Komponenten sind der in ANSI C entwickelte, FIPA

ACL-konforme, Kommunikationsagent, der als Basis für eine Java-unabhängige Visualisierungsapplikation für Tablets und Smartphones dient.

7.5.1 ISAN-Architektur

Um Netze mit Sensorknoten zu strukturieren und zu verwalten, wurde an der Hochschule Osnabrück eine breit einsetzbare Architektur für inhomogene Anwendungsfelder und Anforderungen mit dem Namen „Intelligentes Sensor-Aktor-Netz" (ISAN) entwickelt. ISAN ermöglicht den Aufbau eines skalierbaren Netzes zur Kommunikation sowie zum Datenaustausch und unterstützt die gängigen Kommunikationsprotokolle unterschiedlicher Anwendungsbereiche. Die Abbildung 7.4 stellt die in drei Schichten unterteilte ISAN-Architektur dar.

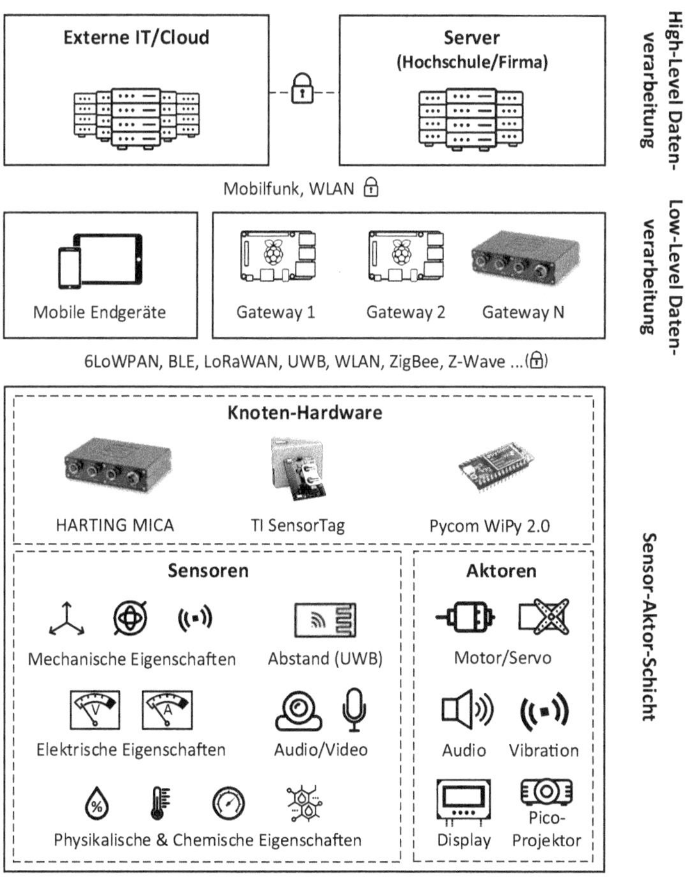

Abb. 7.4: Aufbau der ISAN-Architektur.

Auf der untersten Sensor-Aktor-Schicht befinden sich die Sensorknoten, die beispielsweise an oder in unmittelbarer Umgebung einer Industriemaschine Datenwerte aufnehmen. Die Art und Komplexität der Sensorwerte werden nicht weiter spezifiziert. In den meisten Fällen handelt es sich jedoch um dynamische Eigenschaften einer Industriemaschine wie Vibrationen, Umweltgrößen wie Temperaturen oder Luftfeuchte aber auch komplexere Daten wie Audio- und Bilddaten. Je nach Komplexität der Messwerte, kann eine Vorverarbeitung auf den Knoten stattfinden, um zum Beispiel eine Anonymisierung zu erwirken oder das Datenvolumen vor der Datenübertragung zu verringern. Auf dieser Schicht können neben den Sensoren auch Aktoren in Form von Anzeige- und Visualisierungsfunktionen (u. a. auf Tablets, Displays und Datenbrillen) zur Ergebnisanzeige und als visuelles Feedback zusätzlich zu vorhandenen Manufacturing Execution Systems (MES) unterstützt werden. Eine Ansteuerung von Motoren und Antrieben ist zwar möglich, normalerweise arbeitet das ISAN jedoch ohne aktive Beeinflussung des vorhandenen Produktionssystems. Um eine Kommunikation mit anderen Schichten zu ermöglichen, müssen die Sensoren und Aktoren an eine Hardwareplattform angebunden werden. Dabei ist die Auswahl der Hardware nicht auf eine Plattform beschränkt und kann je nach Einsatzszenario entsprechend variieren. Wichtige Faktoren für die Auswahl sind beispielsweise die Stromaufnahme, Rechenleistung, Busgeschwindigkeiten, das Vorhandensein zusätzlicher Coprozessoren und die Kommunikationsschnittstellen. Die Auswahl der Hardwareplattform entscheidet zudem über den Grad der Intelligenz, den die Komponenten auf dieser Ebene besitzen. In Abhängigkeit der Arbeitsumgebung bietet sich verschiedenartige Funktechnologien als Schnittstellen zwischen der Sensor-Aktor-Schicht und der Middleware an. Beispiele sind 6LoWPAN, BLE, LoRaWAN, ZigBee, Z-Wave, sowie Ultra Wideband (UWB).

Die Schicht der Low-Level-Datenverarbeitung, auch dezentrale Datenverarbeitung genannt, ist für den Transport und Austausch von Mess- und Steuerungsdaten vorgesehen. Sie fungiert als Schnittstelle zwischen den Anwendungsservern im firmeninternen Netz und den Sensoren direkt an den Industrieanlagen. Für den Austausch eignen sich beispielsweise Gateways in Form eines Raspberry Pi oder WRTnodes [26]. Bei WRTnodes handelt es sich um eingebettete Systeme, die mit OpenWrt [27] eine speziell auf Netzwerkunterstützung, Routing und Virtual Private Network (VPN) angepasste Linux-Distribution besitzen. Für höhere Leistungsanforderungen an ein Gateway können auch linuxbasierte Systeme wie das MICA Computing System der Firma HARTING eingesetzt werden [28]. Zudem ist nicht ausgeschlossen, dass eine Hardwareplattform sowohl auf der Sensor-Aktor-Schicht als auch als Gateway agiert. Wenn keine feste Infrastruktur vorgesehen ist, können wie die Abbildung 7.4 zeigt, auch mobile Endgeräte nach einem Store-Carry-Forward-Ansatz eingesetzt werden. In diesem Szenario kommunizieren beispielsweise Smartphones und Tablets mit der Hardware der Sensor-Aktor-Schicht und speichern die übermittelten Daten so lange, bis eine Kommunikation zu den Anwendungsservern via Mobilfunk (2G/3G/4G), WAN oder WLAN hergestellt werden kann. Dieser Ansatz ermöglicht die Umsetzung einer hochmobilen Architektur in sehr ländlichen Umgebungen.

Auf der obersten Schicht der High-Level-Datenverarbeitung (zentrale Datenverarbeitung), befinden sich die Anwendungsserver, die für die Direktverarbeitung und Speicherung der Daten in einer Datenbank verantwortlich sind. Diese Schicht sieht eine Reihe von Schnittstellen und Services vor:

- Die AppServer-Schnittstelle stellt eine Kommunikationsmöglichkeit und einen Datenaustausch für mobile Endgeräte aus der mittleren Schicht zu Verfügung.
- Ein WebServer und WebAPIs (SOAP, REST) stellen Schnittstellen für Anwender und Administratoren bereit.
- Die Anbindung externer IT-Services oder eine Cloud-Unterstützung können über eine verschlüsselte Schnittstelle erfolgen.

Abbildung 7.5 zeigt den Datenfluss innerhalb der ISAN-Architektur von den Datenquellen bis zu den Datensenken. Für eine Implementierung eines ISAN wird je nach Anforderungsprofil unterschiedliche Knoten-Hardware sowie Sensorik und Aktorik benötigt. Die verschiedenen Anwendungsfelder, wie beispielsweise das Anwendungsfeld „Industrie“ mit einer Vibrationsanalyse einer Maschine, liefern Messgrößen, die mit den Sensoren erfasst werden. Die Sensordaten werden an die Knoten-Hardware drahtgebunden weitergeleitet, können dort vorgefiltert, anonymisiert oder vorverarbeitet und als Datensätze- oder Strukturen an die Datensenken übertragen werden. Auch die Übertragung von Rohdaten ist je nach Qualität der Anbindung an höhere Schichten möglich. Die Daten auf der Knoten-Hardware können auch direkten Einfluss auf die Aktorik nehmen, ohne dass höhere Schichten involviert sind. Innerhalb der Datensenken kann bereits eine Datenanalyse erfolgen, um z. B. Schwellwertüberschreitungen festzustellen oder Parameteradaptionen vornehmen zu können. Die Ergebniswerte, beispielsweise für die Aktorik oder Einstellungsparameter sowie verbesserte Algorithmen für die Knoten-Hardware, werden an die Sensor-Aktor-Schicht übermittelt. Die Aktorik kann in unterschiedlicher Ausprägung Einfluss auf ein bestimmtes Anwendungsfeld nehmen.

Anhand von Abbildung 7.5 wird die Berücksichtigung von Kontext innerhalb der ISAN-Architektur erläutert. Es kann unterschieden werden zwischen:

- Kontext des Arbeitsprozesses
- Kontext der Umgebung

Arbeitsprozesse sind durch die Definition der Anwendungsfelder und die durch Sensoren ermittelten Messwerte definiert. Im Bild ist somit der Kontext bei den Datenquellen links anzusiedeln.

Der Umgebungskontext hingegen berücksichtigt Informationen aus übergeordneten IT-Systemen wie Auftrags- und Kundendaten. Er ist im rechten Teilbereich des Datenflussdiagrammes anzusiedeln.

Ergebnis- und Steuerdaten, welche von höheren Schichten an die Knoten-Hardware der Sensor-Aktor-Schicht übertragen werden, basieren auf der Analyse der aufgenommenen und vorgefilterten Sensordaten. Ebenfalls möglich ist die Übertragung von

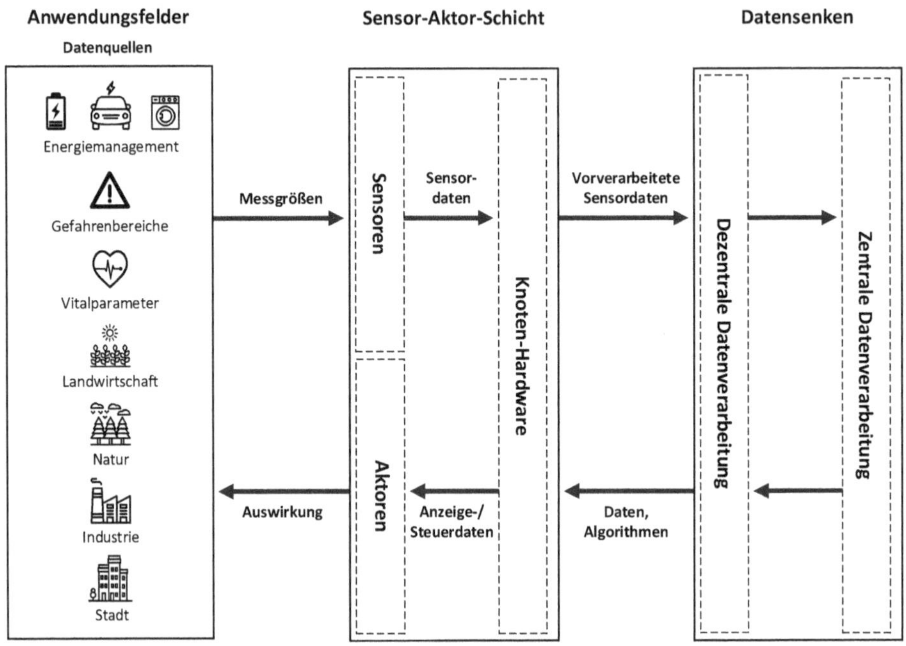

Abb. 7.5: Datenflussdiagramm der ISAN-Architektur.

neuen und verbesserten Algorithmen, die zur Ausführung auf die Knoten-Hardware übertragen wird. Damit ist es möglich, die Knoten-Hardware auf einen veränderten Kontext der Umgebung anzupassen.

7.5.2 Konzept für ein IoT-Gateway

Das von der Hochschule Osnabrück entwickelte ISAN-Architekturkonzept stellt eine skalierbare, erweiterbare Architektur für die zuvor beschriebenen Anforderungen dar. Das zu verwendende Kommunikationsprotokoll wird durch ISAN nicht festgelegt und kann, je nach Anwendungsfall, variieren. Auf der mittleren Schicht besteht die Möglichkeit, verschiedenartige Kommunikationsprotokolle in einem inhomogenen Szenario miteinander zu koppeln. Von einer Kopplung können nicht nur einzelne Knoten, sondern komplette Subnetze betroffen sein. Beispielsweise kann ein mit FIPA ACL als Kommunikationsprotokoll aufgebautes Teilnetz mit einem Pendant gekoppelt werden, welches OPC UA einsetzt. Beispielhaft wird für das Anwendungsbeispiel des I4.0-Demonstrators (siehe Abschnitt 7.2.1) eine solche Koppelung mittels open62541 [29, 30] implementiert. Ein eigenes Kommunikationsprotokoll zum Austausch von Sensordaten wird an ein Teilnetz gekoppelt, welches die Kommunikation der Bearbeitungsstationen und Roboter mittels OPC UA umsetzt. Ziel dieses Szenarios ist die Bereitstellung und Nutzung von Sensordaten aus einem nicht nach industriellen Standards konzipierten Teilnetz. Das für die Kopplung verantwortliche Gateway stellt in diesem Szenario nicht nur die Verbindung über die Schichten hinweg bereit, sondern dient auch der Übersetzung zwischen den Kommunikationsprotokollen.

7.5.3 Konzept für FIPA ACL-konforme Software-Agenten-Kommunikation in ANSI C

Die beschriebenen Anforderungen können durch Standard-Agentensysteme, wie in [17] beschrieben, erreicht werden. Eine JADE-Ausführumgebung ist für mobile Geräte aber bisher nur unter dem Namen JADE-LEAP für Android erschienen und wird z. B. in [5] eingesetzt. Da der Einsatz von Android-Tablets im industriellen Umfeld nicht überall möglich ist, entsteht der Wunsch nach einer Plattformunabhängigkeit, die durch eine ANSI C-Bibliothek zur FIPA ACL-konformen Kommunikation erreicht wird. Für die Anbindung von mobilen Geräten wurde außerdem eine JavaScript-Bibliothek entwickelt, die in Webbrowsern ausgeführt werden kann. In diesem Beitrag wird nur die ANSI C-Integration betrachtet. Diese ist über die in Tabelle 7.3 beschriebenen Wege in den gängigen Mobil-Betriebssystemen möglich:

Tab. 7.3: Übersicht über die Integration von ISAN-Sensor- und Visualisierungsagenten in mobilen Plattformen.

Mobile Plattform	Integrationsansatz
Android	Java Native Interface (JNI)
Apple iOS (iPad)	In programmiersprachenübergreifender Entwicklungsumgebung XCode mit Unterstützung für C, C++, Objective-C und Swift
Windows Mobile bis 8.1	Unmanaged Code
Windows Mobile 10	JavaScript-Agent

Am Beispiel eines Apple iPad mit einer in der Programmiersprache Swift geschriebenen Applikation wird die Integration der FIPA ACL-konformen ANSI C-Bibliothek für die Visualisierung von Sensordatenverläufen aus den Sensornetzen beschrieben. Als beispielhafter Transport wird eine Socket-Kommunikation implementiert, wobei ein Ausbau in Richtung WebSocket-Unterstützung vorgesehen ist.

7.5.4 Architektur für den Einsatz mit mobilen Systemen

Die Architektur eines mobilen Systems ist von hoher Relevanz für Sensor-Agenten, da moderne Plattformen neue Wege zur Kommunikation und Datenaufbereitung in Bezug auf diese bieten. Da für Android-Plattformen bereits beispielhaft eine JADE-LEAP-Applikation besteht [31], wurde zur Untersuchung der Integrationsmöglichkeiten auf weiteren mobilen Plattformen entsprechend der Verteilung der Marktanteile in Deutschland das Apple iPhone bzw. Apple iPad mit dem Betriebssystem iOS ausgewählt. Es wurde eine native iOS-Applikation mit der von Apple für die App-Programmierung neu eingeführten Programmiersprache Swift entwickelt. In einer herstellerspezifischen Entwicklungsumgebung können Module in C, C++ und Objective-C (Vorgänger von Swift) gemischt in einer Applikation kombiniert werden. Die interne Applikationsarchitektur entspricht dem Model-View-Controller-Design Pattern (MVC), dass das „Separation of Concern“ (SoC)-Prinzip der Informatik (Aufteilen in Verantwortlichkeiten) konsequent in die Applikationsarchitektur umsetzt. So wird das User-Interface von der Anwendungslogik (Ablaufsteuerung) und dem Datenmodell getrennt und über vorgegebene Schnittstellen gekoppelt. In die Applikationslogik integriert ist der Sensoragent, der auf der ANSI C-Kommunikation zur FIPA ACL-konformen Kommunikation beruht. Der Sensoragent kommuniziert über einen Unix-Socket mit der Außenwelt und wird mittels GCD[1] (Grand Central Dispatch) in einem Background-Thread ausgeführt, damit bei Kommunikationsunterbrechungen die Ablauf- und Anzeigelogik nicht behindert werden. Nach jedem Übertragungsschritt werden die Daten in den Main-Thread (in iOS auch UI-Thread genannt) transportiert und dort weiterverarbeitet, um z. B. angezeigt zu werden.

Wenn eine ACL-Nachricht von einem Agenten zu einem anderen gesendet wird (u. a. von der iOS-Applikation zu einem auf dem Raspberry-Pi betriebenen Agenten), muss die Nachricht nicht zwangsweise auf beiden Seiten das gleiche Format aufweisen. Die Nachricht muss lediglich der gleichen Ontologie, also einer formalen Definition von Typen, folgen. Das schafft den großen Vorteil, dass ein Client nicht zwingend wissen muss, welche Sprache der Server, mit dem kommuniziert wird, spricht. In der Erprobung der Agenten-Kommunikation wird im JADE-System des IoT-Gateways ein Data Collection Agent implementiert, der die Sensordaten empfängt. Eine Nachricht enthält zu jedem Zeitpunkt einen Empfänger, die Kodierung, die Länge sowie den Inhalt der Nachricht. Sobald eine Verbindung zwischen zwei Agenten hergestellt ist, können die Agenten bis zu dem Schließen der Verbindung (etwa durch Timeout oder explizite Terminierung) gegenseitig Nachrichten senden und empfangen.

1 Grand Central Dispatch: https://developer.apple.com/reference/dispatch

7.6 Ergebnisse

Für die Erprobung der Architektur wurde das nachfolgende Anwendungsbeispiel als Vorstufe für den I4.0-Demonstrator entwickelt. Die Abbildung 7.6 beschreibt die Systemarchitektur des Anwendungsfalls.

Die Systemarchitektur setzt sich aus einem Gateway und einem Sensor-Agenten auf dem mobilen Gerät zusammen. Über OPC UA kann das lokale Produktionsnetz erreicht werden und über externe IT-Schnittstellen die Kommunikation mit der zentralen Sensordatenverarbeitung, z. B. über verschlüsselte Webservices oder WebSockets, stattfinden. Das Gateway stellt innerhalb der Systemarchitektur einen zentralen Knotenpunkt der, auf dem JADE als Middleware ausgeführt wird. Als Hardwareplattform für das Gateway dient ein Raspberry Pi. Um das Anwendungsbeispiel möglichst kompakt und übersichtlich zu halten, werden sowohl der Data Collection Agent als auch der Persistence Agent als Instanz auf dem Raspberry Pi ausgeführt.

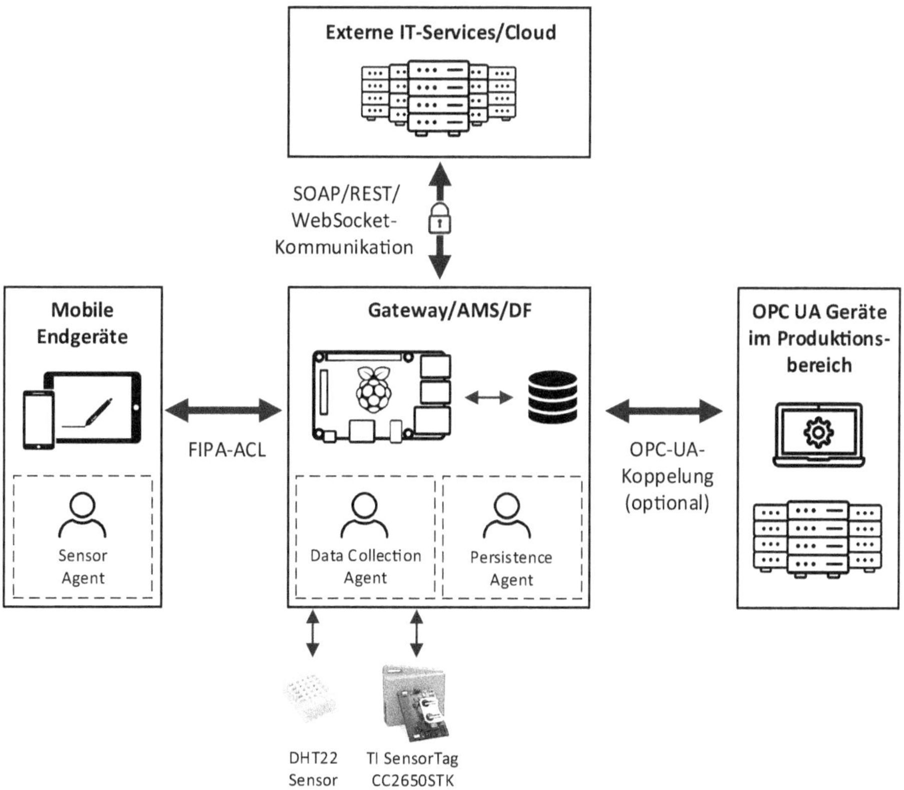

Abb. 7.6: Systemarchitektur für den Einsatz von Sensorknoten und Sensoren in der Fabrikautomatisierung.

Der Data Collection Agent verfügt über ein eigenes Sensornetz mit entsprechenden Sensorknoten, die sowohl kabelgebunden als auch über Funktechnologien kommunizieren und entsprechende umgebungsbezogene Nutzdaten liefern können. Ferner wertet der Data Collection Agent die Sensordaten aus und stellt sie anderen Agenten und der zentralen Weiterverarbeitung zur Verfügung. Als Anwendungsbeispiel für einen direkt angeschlossenen Sensor wird ein kabelgebundener Sensor DHT22 eingesetzt [32]. Er enthält einen Temperatur- und einen Luftfeuchtigkeitssensor, die in einem Zeitintervall von zwei Sekunden aktualisierte Temperatur- und Luftfeuchtigkeitswerte liefern. Die Abfrage der Daten erfolgt über einen Eindraht-Bus. Als weiterer drahtloser Sensor kommt der CC2650STK SimpleLink der Firma Texas Instruments zum Einsatz [20]. Ausgestattet mit zehn Sensoren für die Helligkeit, Feuchtigkeit, Druck, Beschleunigung, Temperatur (Umgebung und Objekt) sowie ein Gyroskop, Magnetometer und einem digitalen Mikrofon, kann der CC2650STK vielfältig eingesetzt werden. Die Abfrage der Daten erfolgt aktuell über eine BLE-Schnittstelle. Die Erweiterung auf WLAN-basierende Sensorknoten ist in Vorbereitung.

Der Persistence Agent stellt eine Schnittstelle zu einer auf dem Gateway (also dezentral) laufenden Datenbank bereit. Darüber können auch bei gedächtnislosen Sensoren historische Daten gespeichert und ggf. gefiltert oder durch Schwellwerte getriggert an die zentrale Sensordatenverwaltung weitergeleitet werden. Hierzu dient ein Synchronisierungsagent.

Für dieses Anwendungsbeispiel wurde eine iOS-App in Swift mit einem in ANSI C geschriebenen Sensor-Agenten entwickelt. Die erfassten Sensordaten zur Schwingungsanalyse (Vibration), akustischen Analyse und Umgebungssituation werden mithilfe der Gerätesensoren des mobilen Gerätes erfasst. Weitere Sensoren und Sensorknoten können über BLE integriert und durch den Sensor Agent verwaltet werden. Dieser übernimmt in diesem Fall auch die weitere Kommunikation, beispielsweise mit dem Data Collection Agent. Neben der Übermittlung an das IoT-Gateway können die Daten vom mobilen Gerät aus direkt per Email versendet werden. Als mobile Plattformen werden ein iPad und ein iPhone des Herstellers Apple verwendet.

Die in der Abbildung 7.6 dargestellte Systemarchitektur lässt sich den drei Schichten der ISAN-Architektur folgendermaßen zuordnen: Die Sensoren sowie der verwaltende Data Collection Agent gehören zur Sensor-Aktor-Schicht. In der dezentralen Sensordatenverwaltung (mittlere Schicht) befindet sich das Gateway, der mobile Sensor Agent sowie (falls das ISAN nicht vollständig isoliert arbeitet) die OPC UA-Schnittstelle zum lokalen Produktionsnetz. In der zentralen Sensordatenverarbeitung befindet sich u. a. ein Anwendungsserver, der einen Zugriff auf externe Datendienste und IT-Services besitzt und erweiterte Archivierungs- und Datenanalysefunktionen bereitstellt.

7.6.1 Erprobung in einem Sensornetz

Der Ansatz für ein Gateway zur Koppelung von Sensornetzen und andersartigen Teilnetzen mit Agentensystemen in der Automatisierungstechnik aus Abbildung 7.6 soll anhand eines Beispielszenarios erprobt werden. Das Beispielszenario sieht einen Sensor-Agenten vor, der in konfigurierbaren Zeitintervallen die Daten der Sensoren ausliest und aufbereitete Messdaten an andere Agenten verschickt.

Das nachfolgende UML-Aktivitätsdiagramm in Abbildung 7.7 veranschaulicht das Zusammenspiel zwischen dem Sensor Agent und dem Data Collection Agent. Die Darstellung verwendet UML 2.5 und das neue Zusammenführungssymbol (Raute oben, engl. Merge) als Gegenstück zur unteren Verzweigungsraute [33].

Software-Agenten, die sich für die Messwerte der Sensoren interessieren, müssen sich zunächst bei dem Data Collection Agent anmelden und können anschließend ein Zeitintervall bestimmen, innerhalb der die Agenten neue Messwerte erhalten möchten. In Rahmen dieses Beispielszenarios sind sowohl der mobile Sensor Agent, der Persistence Agent sowie eine über OPC UA kommunizierende Komponente an den

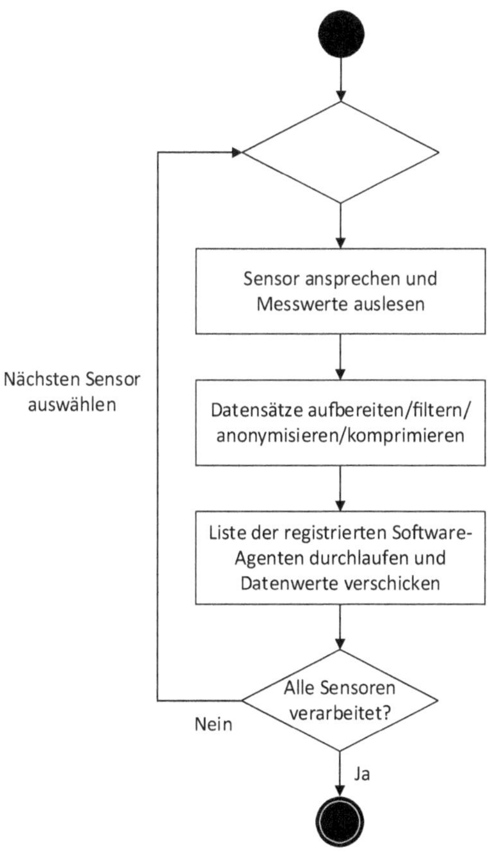

Abb. 7.7: Aktivitätsdiagramm des Data Collection Agent.

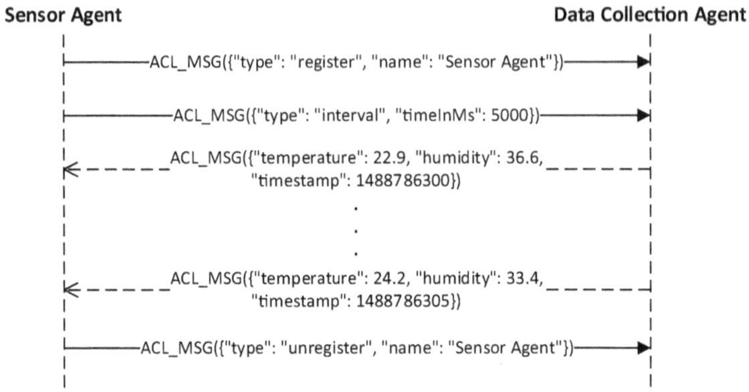

Abb. 7.8: Kommunikationsablauf zwischen Sensor Agent und Data Collection Agent (auf dem Gateway).

Messwerten interessiert. Einen typischen Kommunikationsablauf zeigt das Sequenzdiagramm in Abbildung 7.8.

Auf das konkrete Verhalten des Persistence Agent sowie des OPC UA-Adapters zum Produktionsnetz (falls ein nichtisolierter Gateway-Betrieb gewünscht und ermöglicht wird) wird in diesem Beitrag nicht detailliert eingegangen.

7.6.2 Erprobung der Visualisierung von Sensordaten mit einem Tablet

Die vorgestellten Konzepte für das mobile Gerät werden in einer Apple iPad-Applikation realisiert, die neben der Datenerfassung auch Daten senden, empfangen und visualisieren kann. Dazu wird auf ein Split-Screen-Layout zurückgegriffen, welches gegenüber herkömmlichen Layouts den Vorteil bietet, dass sowohl die Navigation zwischen den einzelnen Menüpunkten als auch deren Visualisierung zeitgleich möglich ist.

Im „Sensors"-Interface können einzelne Sensorkanäle aktiviert und deaktiviert sowie in die Logdatei eingebunden werden. Das Diagramm-Layout wird dazu automatisch angepasst. Die zurzeit unterstützten Sensoren umfassen beispielhaft den Temperaturverlauf (über BLE aus einem externen Sensorknoten), das im Apple iPad eingebaute Mikrofon und der ebenfalls integrierte Beschleunigungssensor. Damit sind Akustik- und Schwingungsanalyse an einer Maschine möglich. Die in einem Zeitintervall von 10 ms erhobenen Datenwerte des Beschleunigungssensors werden zu einem Paket von 128 Werten zusammengefasst und als Nutzerdaten alle 1,28 Sekunden übertragen.

Das zum Vibrationssensorkanal zugehörige Objekt wird bei jeder Messung neu initialisiert, da die UI-Accelerator-Klasse des Beschleunigungssensors nach dem De-

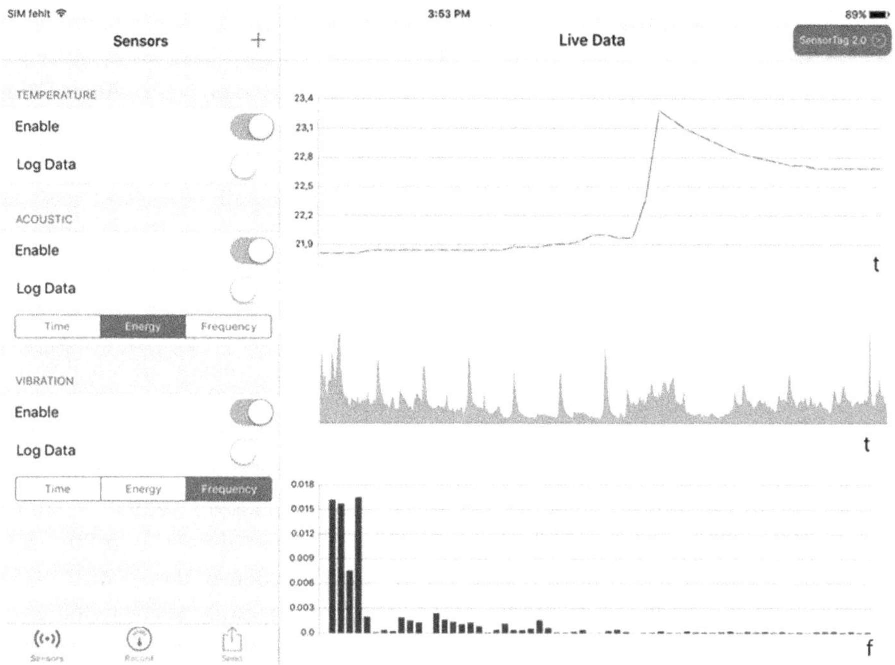

Abb. 7.9: iPad-Applikation: Sensors-Bereich.

legation-Pattern[2] arbeitet. Dieses sieht vor, dass an den Daten interessierte Klassen das sogenannte „UIAccelerometerDelegate"-Protokoll implementieren, um über neue Messwerte benachrichtigt zu werden. Dies entspricht dem Publish-Subscribe-Architekturmuster. Bevor die erste Messung gestartet wird, muss der Nutzer dieser Funktion explizit zustimmen, da iOS den Zugriff auf persönliche Daten und die Gerätesensorik (z. B. das Mikrofon) zum Schutz der Privatsphäre nur bei Einverständnis ermöglicht.

Für Akustik- und Vibrationsdaten sind der Energieverlauf (im Vergleich zur Leistungsaufnahme der Maschine) und das Frequenzspektrum von Interesse. Daher sind sie durch die links sichtbaren Auswahlfelder Energy / Frequency alternativ zum Zeitverlauf (Time) darstellbar.

Die Daten weiterer externer Sensorknoten (z. B. aus einem Raspberry Pi) können als ACL-Nachricht übermittelt werden, wobei der Inhalt der Nachricht im JavaScript Object Notation (JSON) Dateiformat enkodiert ist, um die Verarbeitung im mobilen Gerät möglichst einfach zu gestalten.

---

2 Delegation Pattern: https://developer.apple.com/library/content/documentation/General/Conceptual/DevPedia-CocoaCore/Delegation.html

7.7 Fazit und Ausblick

Der Beitrag zeigt eine allgemeine ISAN-Architektur (Intelligentes Sensor-Aktor-Netz) für den Einsatz von Sensoren und Aktoren in unterschiedlichen Umgebungen. Dabei sollen sowohl industrielle als auch sonstige Anwendungsbereiche (z. B. Agrarapplikationen in Gewächshäusern) unterstützt werden. Beispielhaft wird ein erweiterter agentenbasierter Industrie-4.0-Demonstrator mit Möglichkeiten zur Darstellung von Sensordaten auf mobilen Geräten z. B. Tablets (später auch Smartphones) ausgestattet. Eine Schlüsselkomponente ist ein Gateway, dass mit dem Produktionsnetz über OPC UA kommunizieren kann. Zwischen dem Gateway und den Tablets erfolgt die Kommunikation FIPA ACL-konform, so dass eine nahtlose Integration möglich ist. Um dies auch auf mobilen Apple-Geräten, auf denen keine JADE-Variante verfügbar ist, zu ermöglichen, wurden einige FIPA ACL-konforme Erweiterungen für die Programmiersprachen ANSI C entwickelt. Sowohl an das Gateway selbst, als auch an das Tablet können Sensorknoten und Sensornetze angeschlossen werden. Damit ist ein vom Produktionsnetz unabhängiger Betrieb zur Datenanalyse z. B. in Produktionsbereichen möglich. Zur Kommunikation zwischen den Sensorknoten wird MQTT eingesetzt, weil es geringe Anforderungen an den Transport stellt. Folgende Ausbaumöglichkeiten sind in Arbeit bzw. vorgesehen:

- Die Integration der OPC UA-Kommunikation soll weiter vorangetrieben werden. Dabei soll ein Vergleich mit MQTT die Vor- und Nachteile der beiden Kommunikationsformen aufzeigen.
- Über WebAPIs (SOAP, REST, etc.) sollen die Schnittstellen zur Anbindung externer IT-Services bzw. Cloud-Unterstützung erweitert werden.
- Es soll untersucht werden, ob die Architektur durch Portierung der FIPA ACL-Kommunikation auf Sensorknoten mit beschränkten Ressourcen eine höhere Flexibilität ermöglicht.
- Die Tablet-App soll in einer reduzierten Version für Smartphones verfügbar gemacht werden.
- Die Möglichkeiten zur Schwingungsanalyse und zur Erfassung von Umweltdaten soll durch eine Integration weiterer Sensoren vorangetrieben werden.
- In einer späteren Ausbaustufe sollen die Sensorknoten flexibler und intelligenter werden. Unter „Intelligenz" wird in diesem Beitrag die Fähigkeit verstanden, dynamisch ändernde Bewertungsregeln ausführen zu können. Für eine Lernfähigkeit mit dem Ziel der laufenden Optimierung ist es vorteilhaft, wenn Algorithmen zentral entwickelt und dezentral für Entscheidungen genutzt werden können. Dies ist z. B. durch „mobilen Code" möglich. So ist es denkbar, dass Algorithmen zur Datenanalyse erst mit der Zeit erweitert werden, um auf kritische Prozesssituationen oder neue Fehlerszenarien reagieren zu können. Solche erweiterten Algorithmen ließen sich auf den Sensorknoten laden, ohne dass die Firmware verändert werden muss. Durch die erweiterten Möglichkeiten des mobilen Codes ergeben sich Risiken, die durch eine sichere Ende-zu-Ende-Übertragung adressiert werden sollen.

– Die Integration der ISAN-Architektur in ein neu eingeführtes Wahlpflichtfach „Internet der Dinge“ an der Hochschule Osnabrück wurde im Sommersemester 2017 erprobt. Die Evaluierungsergebnisse zeigen, dass das Interesse der Studierenden sowohl an der industriellen als auch nicht-industriellen Seite des Internets der Dinge groß ist. Das zugehörige Praktikum erforderte einen erhöhten Einarbeitungsaufwand für eine komplexere Architektur und heterogene Zielplattformen, der aber wegen der Relevanz der Themen von den Studierenden akzeptiert wurde.

Die gezeigte ISAN-Architektur ermöglicht eine flexible Kommunikation zwischen verschiedenen Komponenten, die teilweise einfache Embedded Systems mit deutlich geringeren Ressourcen als z. B. ein Raspberry Pi darstellen. Damit werden auch auf solchen beschränkten Plattformen Möglichkeiten zur Entscheidungsunterstützung eingeführt, die für teilautonomes Arbeiten von Systemen in vielen Anwendungsfeldern zukünftig verstärkt gefordert sein werden.

Literatur

Internetquellen wurden zuletzt am 12.04.2018 abgerufen.

[1] Plattform Industrie 4.0: RAMI 4.0 – Eine Einführung, http://www.plattform-i40.de/I40/Redaktion/DE/Downloads/Publikation/rami40-eine-einfuehrung.pdf

[2] Schmidtmann, U.; Westerkamp, C.; Wübbelmann, J. et al: Leicht Konfigurierbare Komponenten Kollaborativer Systeme (LK³S), Tagungsband der Deutsch-Niederländischen Automatisierungstage 2008, Emden 2008

[3] Kremer, H.; Westerkamp, C.: „Einsatz von Agentensystemen zur Optimierung der Logistik in Produktions- und Agrarprozessen“, Buchkapitel in: „Agentensysteme in der Automatisierungstechnik“, Göhner, Peter (Hrsg.), S. 187–206, Springer-Reihe Xpert.press, 2013

[4] MQTT Version 5.0. http://docs.oasis-open.org/mqtt/mqtt/v5.0/mqtt-v5.0.html

[5] Kremer, H.; Westerkamp, C.: “Context Aware Decision Support for Mobile Participants of Distributed Production Processes”, 17th IEEE International Conference on Emerging Technologies and Factory Automation, ETFA 2012.

[6] Römer, H. P.; Bettin, A.; Thiesing, F.; Lang, B.; Wagnitz, N.; Hülsmann, B.; Kunz, A.: KliPa, eine Bewertungsplattform zur Beurteilung der Effizienz von Gewächshauskulturen mit Hilfe der Verknüpfung automatisch erfasster Gewächshausklima und Pflanzenparameter. In: Referate der 32. GIL-Jahrestagung in Freising 2012 – Informationstechnologie für eine nachhaltige Landbewirtschaftung, Lecture Notes in Informatics, Freising 2012, http://www.gil-net.de/Publikationen/24_251.pdf

[7] Pereira, A.; Rodrigues, N.; Leitão, P.: Deployment of multi-agent Systems for industrial applications, In Proceedings of IEEE 17th Conference on Emerging Technologies & Factory Automation (ETFA 2012), S. 1–8, 2012

[8] Core Specifications | Bluetooth Technology Website. https://www.bluetooth.com/specifications/bluetooth-core-specification

[9] Foundation for Intelligent Physical Agents: Standard Status Specifications. http://fipa.org/repository/standardspecs.html

[10] Foundation for Intelligent Physical Agents: FIPA ACL Message Structure Specification. http://www.fipa.org/specs/fipa00061/index.html. Version: 2002

[11] Foundation for Intelligent Physical Agents: FIPA Abstract Architecture Specification. http://www.fipa.org/specs/fipa00001/index.html. Version: 2002

[12] Foundation for Intelligent Physical Agents: FIPA Agent Management Specification. http://www.fipa.org/specs/fipa00023/index.html. Version: 2004

[13] Foundation for Intelligent Physical Agents: FIPA Agent Message Transport Service Specification. http://www.fipa.org/specs/fipa00067/index.html. Version: 2002

[14] Publicly Available Agent Platform Implementations http://www.fipa.org/resources/livesystems.html

[15] Bellifemine, F.; Poggi, A.; Rimassa, G.: JADE – A FIPA-compliant agent framework. In: *Proceedings of the 4th International Conference on Practical Application of Agents and Multi-Agent Technology*, S. 97–108, 2013

[16] Kravarai, K.; Bassiliades, N.: A Survey of Agent Platforms. In: *Journal of Artificial Societies and Social Simulation*. Vol 18, No.1 (2015). http://jasss.soc.surrey.ac.uk/18/1/11.html

[17] Bellifemine, F.; Caire, G.; Greenwood, D.: Developing multi-agent systems with JADE. Chichester. Wiley. 2007

[18] McGrath, Michael J.; Scanaill, Cliodhna Ní; Nafus, Dawn: Sensor technologies. Healthcare, wellness and environmental applications. New York, Apress Open, 2014

[19] Kahn, J. M.; Katz, R. H.; Pister, K. S. J.: Mobile Networking for Smart Dust, ACM/IEEE Intl. Conf. on Mobile Computing and Networking (MobiCom 99), S. 271–278, 1999

[20] SimpleLink MCU Platform - overview | simplelink solutions | wireless connectivity | TI.com: http://www.ti.com/wireless-connectivity/simplelink-solutions/overview/overview.html

[21] NodeMCU: http://nodemcu.com/index_en.html

[22] Home Page der OPC Foundation: https://opcfoundation.org/ Bildquelle: https://www.iosb.fraunhofer.de/servlet/is/21752/OPC-UA-Wegbereiter-der-I40.pdf?command=downloadContent&filename=OPC-UA-Wegbereiter-der-I40.pdf, S.14

[23] Lange, J.; Iwanitz, F.; Burke, T. J. M.: OPC. Von Data Access bis Unified Architecture. 4. Aufl. Berlin, 2010.

[24] ZVEI (Hrsg.): Das Referenzarchitekturmodell RAMI 4.0. https://www.zvei.org/fileadmin/user_upload/Themen/Industrie_4.0/Das_Referenzarchitekturmodell_RAMI_4.0_und_die_Industrie_4.0-Komponente/pdf/ZVEI-Faktenblatt-Industrie4_0-RAMI-4_0.pdf https://www.zvei.org/themen/industrie-40/das-referenzarchitekturmodell-rami-40-und-die-industrie-40-komponente/

[25] Webel, S.: Digitale Fabrik: Industrie 4.0: Was Sie über die Produktion der Zukunft wissen müssen. Siemens http://www.siemens.com/innovation/de/home/pictures-of-the-future/industrie-und-automatisierung/digitale-fabrik-industrie-4-0.html

[26] WRTnode | Open source hardware for OpenWrt, Linux+Wi-Fi dev board, Easy & completed IDE, the core of smart. http://wrtnode.com

[27] OpenWrt. https://openwrt.org/

[28] MICA® Computing System | HARTING MICA. https://www.harting-mica.com/de

[29] Palm, F.; Grüner, S.; Pfrommer, J.; Graube, M.; Urbas, L.: open62541 – der offene OPC UA Stack, 5. Jahreskolloquium „Kommunikation in der Automation (KommA 2014)“, Lemgo 2014.

[30] List of Open Source OPC UA Implementations. https://github.com/open62541/open62541/wiki/List-of-Open-Source-OPC-UA-Implementations

[31] Bergenti, F.; Caire, G.; Gotta, D.: Agents on the Move: JADE for Android Devices Agents on the Move. In: Corrado Santoro (ed.): Proceedings of the XV Workshop “Dagli Oggetti agli Agenti” (WOA 2014), CEUR-WS, volume 1260, ISSN: 1613-073, 2014.

[32] Aosong Electronics: Digital-output relative humidity and temperature sensor/module DHT22, Datenblatt. https://www.sparkfun.com/datasheets/Sensors/Temperature/DHT22.pdf

[33] UML-Notationsübersicht https://www.oose.de/wp-content/uploads/2012/05/UML-Notations%C3%BCbersicht-2.5.pdf

Stichwortverzeichnis

https://doi.org/10.1515/9783110527056-008

www.ingramcontent.com/pod-product-compliance
Lightning Source LLC
LaVergne TN
LVHW080655011026
849160LV00014B/1442